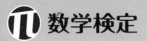
数学検定

実用数学技能検定® 数検

要点整理

THE MATHEMATICS CERTIFICATION INSTITUTE OF JAPAN
[THE 5th GRADE]

5級

5

公益財団法人 日本数学検定協会

まえがき

　早速ですが，「SDGs」（エス・ディー・ジーズ）という言葉をご存じでしょうか。

　正確には，「Sustainable Development Goals」（持続可能な開発目標）の略で，2015年9月に行われた国連サミットで採択された，2030年までに持続可能でよりよい世界を達成するために掲げた国際目標です。SDGsは，17の目標と169のターゲットで構成されており，目標4においては"質の高い教育をみんなに"として，「すべての人に包摂的かつ公正な質の高い教育を確保し，生涯学習の機会を促進する」ことが掲げられています。

　数学を学ぶことのできる環境づくりは"質の高い教育をみんなに"という目標4に合致するものですが，数学を学ぶことで得られる力は，ほかの16の目標を達成するための方策を見いだすことに生きると考えています。たとえば目標14では，"海の豊かさを守ろう"として「持続可能な開発のために，海洋・海洋資源を保全し，持続可能な形で利用する」ことが掲げられています。海洋資源を保全するためには，まず現在の資源の状況を把握する必要があります。そして，危機に瀕することになった原因を分析し，さまざまな対応策の中から適切なものを選択・判断しながら，解決に導きます。このような一連の流れの中で「数学的活動」が存分に寄与しています。人々は，これまで歩んできた過程で派生したさまざまな課題を「数学の力」で解決してきたのです。

　「実用数学技能検定」は，計算・作図・表現・測定・整理・統計・証明の7つの数学技能を測る検定として位置づけています。これらの技能は，さまざまな場面で実用的に使われることを想定しており，その中で実感の伴う理解を深めることで向上するものと考えられます。たとえば，整理技能は，「さまざまな情報の中から，有用なものや正しいものを適切に選択・判断し活用できる，高度な情報処理能力を意味する技能」です。先述の目標14においても，資源の状況把握，危機に関する情報処理，対応策の判断などについて，整理技能が有効に働くと考えています。

　このように，実用数学技能検定の問題には，これからの社会で数学を活用するヒントがたくさん示されています。

　数学を学ぶことによって，人々が関わるすべての環境との調和を保ち，SDGsの目標達成を一緒にめざしてみませんか？

公益財団法人 日本数学検定協会

目　次

本書の使い方

本書は「基礎から発展まで多くの問題を知りたい」「苦手な内容をしっかりと学習したい」という人に向けて学習内容ごとにまとめられています。それぞれ，基本事項のまとめと難易度別の問題があります。

1 基本事項のまとめを確認する

はじめに，基本事項についてのまとめがあります。
苦手な内容を学習したい場合は，このページからしっかり理解していきましょう。

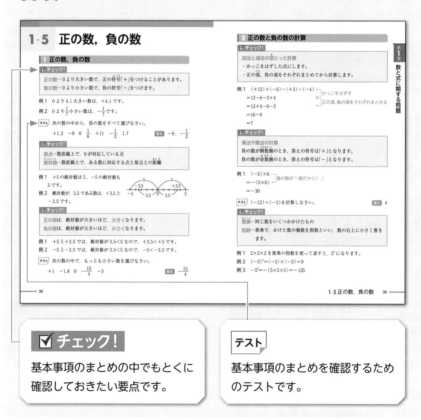

✓ **チェック!**

基本事項のまとめの中でもとくに確認しておきたい要点です。

テスト

基本事項のまとめを確認するためのテストです。

2 難易度別の問題で理解を深める

難易度別の問題でステップアップしながら学習し，少しずつ着実に理解を
深めていきましょう。

··· **基本問題** ➡ ··· **応用問題** ··· ➡ · **発展問題** ·

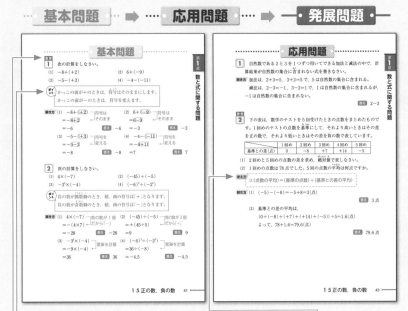

重要

とくに重要な問題です。検定直前に復習するときは，このマークのついた問題を優先的に確認し，確実に解けるようにしておきましょう。

ポイント　考え方

解き方 にたどりつくまでのヒントです。わからないときは，これを参考にしましょう。

3 練習問題にチャレンジ！

··· **練習問題** · 学習した内容がしっかりと身についているか，
「練習問題」で確認しましょう。
練習問題の解き方と答えは別冊に掲載されています。

検定概要

「実用数学技能検定」とは

「実用数学技能検定」(後援＝文部科学省。対象：1 〜 11 級)は，数学・算数の実用的な技能(計算・作図・表現・測定・整理・統計・証明)を測る「記述式」の検定で，公益財団法人日本数学検定協会が実施している全国レベルの実力・絶対評価システムです。

検定階級

1 級, 準 1 級, 2 級, 準 2 級, 3 級, 4 級, 5 級, 6 級, 7 級, 8 級, 9 級, 10 級, 11 級, かず・かたち検定のゴールドスター，シルバースターがあります。おもに，数学領域である 1 級から 5 級までを「数学検定」と呼び，算数領域である 6 級から 11 級, かず・かたち検定までを「算数検定」と呼びます。

1 次：計算技能検定／ 2 次：数理技能検定

数学検定(1 〜 5 級)には，計算技能を測る「1 次：計算技能検定」と数理応用技能を測る「2 次：数理技能検定」があります。算数検定(6 〜 11 級, かず・かたち検定)には，1 次・2 次の区分はありません。

「実用数学技能検定」の特長とメリット

①「記述式」の検定

解答を記述することで，答えに至る過程や結果について理解しているかどうかをみることができます。

②学年をまたぐ幅広い出題範囲

準 1 級から 10 級までの出題範囲は，目安となる学年とその下の学年の 2 学年分または 3 学年分にわたります。1 年前，2 年前に学習した内容の理解についても確認することができます。

③入試優遇や単位認定

実用数学技能検定の取得を，入試の際や単位認定に活用する学校が増えています。

入試優遇　　　単位認定

受検方法

受検方法によって，検定日や検定料，受検できる階級や申込方法などが異なります。くわしくは公式サイトでご確認ください。

👤 個人受検

日曜日に年3回実施する個人受検A日程と，土曜日に実施する個人受検B日程があります。
個人受検B日程で実施する検定回や階級は，会場ごとに異なります。

👥 団体受検

団体受検とは，学校や学習塾などで受検する方法です。団体が選択した検定日に実施されます。
くわしくは学校や学習塾にお問い合わせください。

✏️ 検定日当日の持ち物

持ち物 ＼ 階級	1～5級 1次	1～5級 2次	6～8級	9～11級	かず・かたち検定
受検証 (写真貼付)[※1]	必須	必須	必須	必須	
鉛筆またはシャープペンシル (黒のHB・B・2B)	必須	必須	必須	必須	必須
消しゴム	必須	必須	必須	必須	必須
ものさし (定規)		必須	必須	必須	
コンパス		必須	必須		
分度器			必須		
電卓 (算盤)[※2]		使用可			

※1 団体受検では受検証は発行・送付されません。
※2 使用できる電卓の種類　○一般的な電卓　○関数電卓　○グラフ電卓
　　通信機能や印刷機能をもつもの，携帯電話・スマートフォン・電子辞書・パソコンなどの電卓機能は使用できません。

階級の構成

	階級	構成	検定時間	出題数	合格基準	目安となる学年
数学検定	**1 級**	1次： 計算技能検定 2次： 数理技能検定 があります。 はじめて受検するときは1次・2次両方を受検します。	1次：60分 2次：120分	1次：7問 2次：2題必須・ 5題より 2題選択	1次： 全問題の 70%程度 2次： 全問題の 60%程度	大学程度・一般
	準1級					高校3年程度 (数学Ⅲ・数学C程度)
	2 級		1次：50分 2次：90分	1次：15問 2次：2題必須・ 5題より 3題選択		高校2年程度 (数学Ⅱ・数学B程度)
	準2級			1次：15問 2次：10問		高校1年程度 (数学Ⅰ・数学A程度)
	3 級		1次：50分 2次：60分	1次：30問 2次：20問		中学校3年程度
	4 級					中学校2年程度
	5 級					中学校1年程度
算数検定	**6 級**	1次／2次の区分はありません。	50分	30問	全問題の 70%程度	小学校6年程度
	7 級					小学校5年程度
	8 級					小学校4年程度
	9 級		40分	20問		小学校3年程度
	10 級					小学校2年程度
	11 級					小学校1年程度
かず・かたち検定	**ゴールドスター**			15問	10問	幼児
	シルバースター					

5級の検定基準（抄）

検定の内容	技能の概要	目安となる学年
正の数・負の数を含む四則混合計算，文字を用いた式，一次式の加法・減法，一元一次方程式，基本的な作図，平行移動，対称移動，回転移動，空間における直線や平面の位置関係，扇形の弧の長さと面積，空間図形の構成，空間図形の投影・展開，柱体・錐体及び球の表面積と体積，直角座標，負の数を含む比例・反比例，度数分布とヒストグラム など	**社会で賢く生活するために役立つ基礎的数学技能** ①負の数がわかり，社会現象の実質的正負の変化をグラフに表すことができる。 ②基本的図形を正確に描くことができる。 ③2つのものの関係変化を直線で表示することができる。	中学校1年程度
分数を含む四則混合計算，円の面積，円柱・角柱の体積，縮図・拡大図，対称性などの理解，基本的単位の理解，比の理解，比例や反比例の理解，資料の整理，簡単な文字と式，簡単な測定や計量の理解 など	**身近な生活に役立つ算数技能** ①容器に入っている液体などの計量ができる。 ②地図上で実際の大きさや広さを算出することができる。 ③2つのものの関係を比やグラフで表示することができる。 ④簡単な資料の整理をしたり，表にまとめたりすることができる。	小学校6年程度
整数や小数の四則混合計算，約数・倍数，分数の加減，三角形・四角形の面積，三角形・四角形の内角の和，立方体・直方体の体積，平均，単位量あたりの大きさ，多角形，図形の合同，円周の長さ，角柱・円柱，簡単な比例，基本的なグラフの表現，割合や百分率の理解 など	**身近な生活に役立つ算数技能** ①コインの数や紙幣の枚数を数えることができ，金銭の計算や授受を確実に行うことができる。 ②複数の物の数や量の比較を円グラフや帯グラフなどで表示することができる。 ③消費税などを算出できる。	小学校5年程度

5級の検定内容の構造

中学校1年程度	小学校6年程度	小学校5年程度	特有問題
30%	30%	30%	10%

※割合はおおよその目安です。
※検定内容の10%にあたる問題は，実用数学技能検定特有の問題です。

5級合格をめざすための チェックポイント

■倍数と約数（p.20～）

最小公倍数…2つ以上の数に共通する倍数のうち，いちばん小さい数

最大公約数…2つ以上の数に共通する約数のうち，いちばん大きい数

■分数のかけ算・わり算（p.32～）

$$\frac{\triangle}{\square}\times\frac{\stackrel{\wedge}{\bowtie}}{\bigcirc}=\frac{\triangle\times\stackrel{\wedge}{\bowtie}}{\square\times\bigcirc} \qquad \frac{\triangle}{\square}\div\frac{\stackrel{\wedge}{\bowtie}}{\bigcirc}=\frac{\triangle\times\bigcirc}{\square\times\stackrel{\wedge}{\bowtie}}$$

■1次方程式（p.52～）

1次方程式の解き方 $\qquad\qquad\qquad 1.5x+2=0.4(2x-9)$

・分数，小数を含むときは，整数になるようにする。 $\quad 15x+20=4(2x-9)$

・かっこがあるときは，かっこをはずす。 $\qquad\qquad 15x+20=8x-36$

・文字の項を左辺に，数の項を右辺に移項する。 $\qquad 15x-8x=-36-20$

・両辺をそれぞれ計算して，$ax=b$ の形にする。 $\qquad\qquad 7x=-56$

・両辺を x の係数 a でわって，x の値を求める。 $\qquad\qquad x=-8$

■割合（p.66～）

割合＝比べる量÷もとにする量

比べる量＝もとにする量×割合

もとにする量＝比べる量÷割合

割合を表す小数	1	0.1	0.01	0.001
百分率	100%	10%	1%	0.1%
歩合	10割	1割	1分	1厘

■比例式の性質（p.73～）

$a : b=m : n$ ならば，$an=bm$

■比例，反比例（p.80～）

比例の式… $y=ax$

比例のグラフ…原点を通る直線

$a>0$ のとき　　　　$a<0$ のとき

反比例の式… $y=\dfrac{a}{x}$

反比例のグラフ…双曲線

$a>0$ のとき　　　　$a<0$ のとき

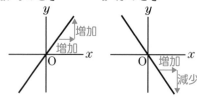

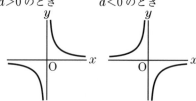

■三角形，四角形（p.91 〜）

平行四辺形の面積＝底辺×高さ

三角形の面積＝底辺×高さ÷2

台形の面積＝（上底＋下底）×高さ÷2

ひし形の面積＝対角線×対角線÷2

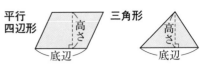

■円とおうぎ形（p.122 〜）

円の周の長さ　$\ell=2\pi r$（ℓ：周の長さ，r：半径）

円の面積　　　$S=\pi r^2$（S：面積，r：半径）

おうぎ形の弧の長さ　$\ell=2\pi r\times\dfrac{a}{360}$（$\ell$：弧の長さ，$r$：半径，$a$：中心角）

おうぎ形の面積　　　$S=\pi r^2\times\dfrac{a}{360}$（$S$：面積，$r$：半径，$a$：中心角）

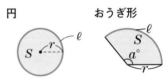

■立体の体積（p.132 〜）

角柱・円柱の体積　$V=Sh$（V：体積，S：底面積，h：高さ）

角錐・円錐の体積　$V=\dfrac{1}{3}Sh$（V：体積，S：底面積，h：高さ）

球の体積　　　　　$V=\dfrac{4}{3}\pi r^3$（V：体積，r：半径）

■データの分布（p.164 〜）

累積度数…最小の階級からある階級までの度数を加えたもの

相対度数…各階級の度数の，全体に対する割合

累積相対度数…最小の階級からある階級までの相対度数を加えたもの

平均値…個々のデータの値の合計を，データの総数でわった値

中央値（メジアン）…データを大きさの順に並べたときの中央の値

最頻値（モード）…データの中でもっとも多く出てくる値

数と式に
関する問題

小数のかけ算・わり算

1 小数のかけ算

☑ **チェック！**

小数をかける計算の筆算のしかた

・小数点を考えないで，整数のかけ算と同じように計算します。

・積の小数点は，小数点から下のけた数が，かけられる数とかける数の小数点から下のけた数の和と同じになるようにうちます。

例1
```
      3.4 …… 1 けた
    × 2.7 …… 1 けた
      2 3 8
    6 8
      9.18 …… 2 けた
```

例2
```
      0.18 …… 2 けた
    ×  3.5 …… 1 けた
        9 0
      5 4
     0.630 …… 3 けた
```
一の位に 0 を書く　↑ 積は 0.63

テスト　9.5×0.42 を計算しなさい。　　　　　　　　　答え　3.99

☑ **チェック！**

1 より大きい数をかけると，積はかけられる数より**大きく**なります。

1 より小さい数をかけると，積はかけられる数より**小さく**なります。

2 小数のわり算

☑ **チェック！**

小数でわる計算の筆算のしかた

・わる数を整数になおして計算します。わられる数の小数点も，わる数の小数点を右に移した数だけ右に移します。

・商の小数点は，わられる数の移した小数点にそろえてうちます。

例1
$1.8\overline{)6.1.2}$
10倍 10倍
↓

$\begin{array}{r} 3.4 \\ 1.8\overline{)6.1|2} \\ \underline{5\ 4} \\ 7\ 2 \\ \underline{7\ 2} \\ 0 \end{array}$

例2
$0.76\overline{)3.80}$
100倍 100倍
↓

$\begin{array}{r} 5 \\ 0.76\overline{)3.80} \\ \underline{3\ 8\ 0} \\ 0 \end{array}$

わる数とわられる数を100
倍するので，0をつける

例3
$\begin{array}{r} 9.5 \\ 6.2\overline{)5\ 8.9} \\ \underline{5\ 5\ 8} \\ 3\ 1\ 0 \\ \underline{3\ 1\ 0} \\ 0 \end{array}$

0 をつけたして，
わり算を続ける

☑ **チェック！**

1 より大きい数でわると，商はわられる数より**小さく**なります。

1 より小さい数でわると，商はわられる数より**大きく**なります。

☑ **チェック！**

小数のわり算のあまり…あまりの小数点は，わられる数のもとの小数
点にそろえてうちます。

例1 24.7÷3.8 で，商を一の位まで求めて
あまりを出すと，6 あまり 1.9 となります。

$\begin{array}{r} 6 \\ 3.8\overline{)2\ 4.7} \\ \underline{2\ 2|8} \\ 1|9 \end{array}$

☑ **チェック！**

およその商…わり切れないとき，商を概数にすることがあります。

例1 48.2÷3.9 の商を，四捨五入して
小数第1位までの概数にすると，
12.4 となります。

$\begin{array}{r} 4 \\ 1\ 2.3\ 5 \\ 3.9\overline{)4\ 8.2} \\ \underline{3\ 9} \\ 9\ 2 \\ \underline{7\ 8} \\ 1\ 4\ 0 \\ \underline{1\ 1\ 7} \\ 2\ 3\ 0 \\ \underline{1\ 9\ 5} \\ 3\ 5 \end{array}$

小数第2位を
四捨五入する

重要 1 次の計算をしなさい。

(1)
```
    4.8
  × 2.3
```

(2)
```
   2.3 5
 ×   5.8
```

(3)
```
   0.8 6
 × 0.9 7
```

解き方 (1)
```
    4.8
  × 2.3
  ─────
  1 4 4
  9 6
  ─────
 11.0 4
```

(2)
```
   2.3 5
 ×   5.8
 ───────
 1 8 8 0
 1 1 7 5
 ───────
 1 3.6 3 0
```
この 0 はとる

(3)
```
   0.8 6
 × 0.9 7
 ───────
   6 0 2
 7 7 4
 ───────
 0.8 3 4 2
```
一の位に 0 を書く

答え 11.04   **答え** 13.63   **答え** 0.8342

重要 2 次の計算をしなさい。(1)はわり切れるまで計算しなさい。(2)は商を四捨五入して小数第 2 位までの概数にしなさい。(3)は商を整数で求め, あまりも出しなさい。

(1) 4.7)84.6   (2) 0.85)0.328   (3) 6.4)93.7

解き方 (1)
```
       1 8
  4.7)8 4.6
      4 7
     ─────
      3 7 6
      3 7 6
     ─────
          0
```

(2)
```
           9
        0.3 8 5
  0.85)0.3 2.8
       2 5 5
      ───────
         7 3 0
         6 8 0
        ───────
           5 0 0
           4 2 5
          ───────
             7 5
```
0 をつけたす
小数第 3 位を四捨五入する

(3)
```
       1 4
  6.4)9 3.7
      6 4
     ─────
      2 9 7
      2 5 6
     ─────
        4.1
```
あまりの小数点は
もとの小数点に
そろえる

答え 18   **答え** 0.39   **答え** 14 あまり 4.1

応用問題

重要 1 縦が 5.8m，横が 7.45m の長方形の土地の面積は何 m^2 ですか。

ポイント 長方形の面積＝縦×横

解き方 $5.8 \times 7.45 = 43.21 (\text{m}^2)$ **答え** $43.21\,\text{m}^2$

2 赤色，青色，黄色の 3 本のテープがあります。赤色のテープの長さは 10.5m です。

(1) 青色のテープの長さは，赤色のテープの長さの 0.6 倍です。青色のテープの長さは何 m ですか。

(2) 赤色のテープの長さは，黄色のテープの長さの 1.25 倍です。黄色のテープの長さは何 m ですか。

考え方
(1) (青色のテープの長さ)＝(赤色のテープの長さ)×0.6
(2) (赤色のテープの長さ)＝(黄色のテープの長さ)×1.25

解き方 (1) $10.5 \times 0.6 = 6.3 (\text{m})$ **答え** $6.3\,\text{m}$

(2) 黄色のテープの長さを□ m とすると，
$\square \times 1.25 = 10.5$ より，$\square = 10.5 \div 1.25 = 8.4 (\text{m})$ **答え** $8.4\,\text{m}$

3 長さが 6.2m で重さが 0.98kg のホースがあります。このホース 1m の重さは何 kg ですか。答えは，小数第 3 位を四捨五入して求めなさい。

考え方 (1m の重さ)＝(全体の重さ)÷(ホースの長さ)

解き方 $0.98 \div 6.2 = 0.158 \cdots (\text{kg})$

小数第 3 位を四捨五入して，$0.15\overset{6}{8}$ → $0.16 (\text{kg})$

答え $0.16\,\text{kg}$

第 1 章 数と式に関する問題

・発展問題・

1 針金Aと針金Bがあります。針金A1mの重さは64.5gで，針金B1mの重さは針金A1mの重さの0.8倍です。

(1) 針金B 1mの重さは何gですか。

(2) 針金A 2.4mの重さと同じ重さになるように，針金Bを切り取ります。針金Bを何m切り取ればよいですか。

考え方 (1)(針金B1mの重さ)＝(針金A1mの重さ)×0.8

解き方 (1) 64.5×0.8=51.6(g) **答え** 51.6g

(2) 針金A 2.4mの重さは，64.5×2.4=154.8(g)

針金B 154.8gの長さは，154.8÷51.6=3(m)

答え 3m

重要 2 ある数を2.52でわるところを，間違えて5.25でわったために，商が9であまりが3.25になりました。

(1) ある数を求めなさい。

(2) 正しい計算をしたときの商を整数で求め，あまりを出しなさい。

解き方 (1) ある数を□とすると，

□÷5.25=9あまり3.25より，

□=5.25×9+3.25

＝50.5

答え 50.5

(2) ある数は50.5なので，正しい答えは，

50.5÷2.52=20あまり0.1

答え 20あまり0.1

答え：別冊 p.3

重要
1 次の計算をしなさい。(4)は商を整数で求め，あまりも
出しなさい。

(1) $\begin{array}{r} 8.3 \\ \times 7.9 \\ \hline \end{array}$

(2) $\begin{array}{r} 1.4\,6 \\ \times 0.3\,7 \\ \hline \end{array}$

(3) $3.5\overline{)16.8}$

(4) $0.1\,7\overline{)5.4}$

重要
2 1L の重さが 0.96kg の油があります。この油 7.5L の
重さは何 kg ですか。

重要
3 赤色のロープと白色のロープがあります。赤色のロープ
の長さは 19.2m，白色のロープの長さは 7.5m です。赤
色のロープの長さは，白色のロープの長さの何倍ですか。

重要
4 4.68m² の壁を塗るのに，ペンキを 7.8dL 使いました。
このペンキ 1dL で何 m² の壁を塗ることができますか。

5 縦の長さが 5.4m の長方形の庭があります。この庭の
面積が 36.72m² のとき，横の長さは何 m ですか。

1-2 偶数と奇数，倍数と約数

1 偶数と奇数

☑ チェック！

偶数…2でわり切れる整数（0もふくむ）
奇数…2でわり切れない整数

例1　28は，28÷2=14で，2でわり切れるので，偶数です。

例2　29は，29÷2=14あまり1で，2でわり切れないので，奇数です。

例3　1以上50以下の整数の中に，偶数と奇数は同じ数ずつあるから，
　　　それぞれ50÷2=25(個)あります。

テスト　次の整数を偶数と奇数に分けなさい。

　　　6，11，18，34，85，91，300，501，957，1358，6472，30039

答え　偶数…6，18，34，300，1358，6472

奇数…11，85，91，501，957，30039

2 倍数と公倍数

☑ チェック！

倍数…4を整数倍してできる数を，4の倍数といいます。
公倍数…4の倍数と6の倍数に共通する数を，4と6の公倍数といい
　　　　ます。
最小公倍数…公倍数のうち，いちばん小さい数

例1　4の倍数は，4，8，12，16，20，24，28，32，36，…，
　　　6の倍数は，6，12，18，24，30，36，42，…と，いくらでもあ
　　ります。

例2　4と6の公倍数は，12，24，36，…と，いくらでもあります。

例3　4と6の最小公倍数は，12です。

テスト 5の倍数を，小さいほうから3つ書きなさい。

答え 5，10，15

テスト 3と7の公倍数を，小さいほうから3つ書きなさい。

答え 21，42，63

テスト 4と9と12の最小公倍数を求めなさい。

答え 36

3 約数と公約数

☑チェック！

> 約数…12をわり切ることができる整数を，12の約数といいます。
>
> 公約数…12の約数と16の約数に共通する数を，12と16の公約数といいます。
>
> 最大公約数…公約数のうち，いちばん大きい数

例1 12の約数は，1，2，3，4，6，12の6つで，
16の約数は，1，2，4，8，16の5つです。

例2 12と16の公約数は，1，2，4の3つです。

例3 12と16の最大公約数は，4です。

例4 12と17の公約数は1だけなので，12と17の最大公約数は1です。

テスト 56の約数をすべて書きなさい。

答え 1，2，4，7，8，14，28，56

テスト 24と36の公約数をすべて書きなさい。

答え 1，2，3，4，6，12

テスト 8と12と48の最大公約数を求めなさい。

答え 4

1 1以上111以下の整数の中に，偶数と奇数はそれぞれ何個あります
か。

解き方 1から110までの整数の中に，偶数と奇数は同じ数ずつあるから，
それぞれ 110÷2＝55(個)ある。

111は奇数だから，奇数のほうが1個多くなる。偶数は55個，奇
数は56個ある。　　　　　　　　答え 偶数…55個　奇数…56個

重要 2 次の数の最小公倍数を求めなさい。

(1) 9，15　　　　　　　　　(2) 5，8，10

解き方 (1) 9の倍数は，9，18，27，36，㊸，…，
15の倍数は，15，30，㊸，60，…だから，
9と15の最小公倍数は45である。　　　　　答え 45

(2) 5の倍数は，5，10，15，20，25，30，35，㊵，45，50，…，
8の倍数は，8，16，24，32，㊵，48，…，
10の倍数は，10，20，30，㊵，50，…だから，
5と8と10の最小公倍数は40である。　　　答え 40

重要 3 次の数の最大公約数を求めなさい。

(1) 18，24　　　　　　　　　(2) 27，36，54

解き方 (1) 18の約数は，1，2，3，⑥，9，18，
24の約数は，1，2，3，4，⑥，8，12，24だから，
18と24の最大公約数は6である。　　　　　答え 6

(2) 27の約数は，1，3，⑨，27，
36の約数は，1，2，3，4，6，⑨，12，18，36，
54の約数は，1，2，3，6，⑨，18，27，54だから，
27と36と54の最大公約数は9である。　　　答え 9

応用問題

重要 **1** あるバス停から，A 町行きのバスは 15 分ごと，B 町行きのバスは 20 分ごとに出発します。午前 8 時 30 分に A 町行きと B 町行きのバスが同時に出発しました。この次に，A 町行きと B 町行きのバスが同時に出発する時刻を求めなさい。

考え方 15 分ごとと 20 分ごとが重なるときを考えるので，15 と 20 の最小公倍数を求めればよいです。

解き方 15 と 20 の最小公倍数は 60 だから，

求める時刻は，午前 8 時 30 分の 60 分（1 時間）後である。

答え 午前 9 時 30 分

2 画用紙 30 枚，色紙 45 枚をそれぞれ同じ枚数ずつ，あまりが出ないようにできるだけ多くの人に配ります。

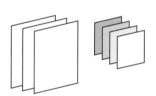

(1) 何人に配ることができますか。

(2) 1 人分の画用紙と色紙はそれぞれ何枚ですか。

考え方 (1)あまりが出ないことから，配る人数は，30 と 45 の公約数を考えればよいです。

解き方 (1) 30 と 45 の公約数は，1，3，5，15 で，できるだけ多くの人に配るから，15 人となる。

30 と 45 の最大公約数

答え 15 人

(2) 画用紙の枚数は，30÷15＝2（枚）

色紙の枚数は，45÷15＝3（枚）

答え 画用紙…2 枚　色紙…3 枚

1-2 偶数と奇数，倍数と約数 　23

・発展問題・

1 図書館に，Aさんは3日ごと，Bさんは5日ごとに行きます。3月1日の日曜日に，AさんとBさんは図書館に行きました。図書館には休館日がないものとして，次の問いに答えなさい。

(1) 次に2人が同じ日に図書館に行くのは何月何日ですか。

(2) 次に2人が同じ日曜日に図書館に行くのは何週間後の日曜日ですか。

(3) この年の3月1日から1年間に，2人が同じ日曜日に図書館に行くのは，この年の3月1日を含めて何回ありますか。

考え方 ┌──────────────────────────────────┐
Aさんは3日ごと，Bさんは5日ごと，日曜日は7日ごとにきます。最小公倍数で考えればよいです。
└──────────────────────────────────┘

解き方 (1) 3と5の最小公倍数は15だから，次に2人が図書館に行くのは3月1日の15日後になる。

1＋15＝16より，3月16日

答え 3月16日

(2) (1)より，AさんとBさんが同じ日に図書館に行くのは15日ごとになる。日曜日は7日ごとであることから，15と7の最小公倍数を考える。15と7の最小公倍数は105だから，2人が次に同じ日曜日に図書館に行くのは3月1日の105日後になる。1週間は7日だから，

105÷7＝15より，15週間後

答え 15週間後

(3) (2)より，AさんとBさんが日曜日に図書館に行くのは，105日ごとになる。1年を365日と考えると，365÷105＝3あまり50より，その回数は，3月1日を含めて，3＋1＝4(回)ある。

1年が366日と考えた場合も答えは同じになる。

答え 4回

1 次の（ ）の中の数の最小公倍数を求めなさい。
(1) （24，36）　　　　　　(2) （4，6，10）

2 次の（ ）の中の数の最大公約数を求めなさい。
(1) （15，25）　　　　　　(2) （16，24，40）

重要
3 ある花火大会で，午後8時にA，B2種類の花火が同時に打ち上げられました。Aの花火は12秒ごとに，Bの花火は18秒ごとに打ち上げられます。次の問いに答えなさい。

(1) 次に2種類の花火が同時に打ち上げられるのは，何秒後ですか。

(2) 午後8時から午後8時5分までの間に，2種類の花火が同時に打ち上げられるのは，午後8時を含めて何回ありますか。

重要
4 縦54cm，横90cmの長方形の紙を，あまりが出ないように同じ大きさの正方形に切り分けます。できるだけ大きな正方形に切り分けるとき，次の問いに答えなさい。

(1) 正方形の1辺の長さは何cmになりますか。

(2) 正方形の紙は何枚できますか。

1-3 分数のたし算・ひき算

1 等しい分数

分母と分子に同じ数をかけても,
分母と分子を同じ数でわっても,
分数の大きさは変わりません。

$$\frac{\triangle}{\square}=\frac{\triangle\times\bigcirc}{\square\times\bigcirc}$$

$$\frac{\triangle}{\square}=\frac{\triangle\div\bigcirc}{\square\div\bigcirc}$$

例1 $\frac{1}{4}$ と等しい分数は, $\frac{1\boxed{\times2}}{4\boxed{\times2}}=\frac{2}{8}$ や, $\frac{1\boxed{\times3}}{4\boxed{\times3}}=\frac{3}{12}$ などです。

例2 $\frac{18}{24}$ と等しい分数は, $\frac{18\boxed{\div2}}{24\boxed{\div2}}=\frac{9}{12}$ や, $\frac{18\boxed{\div3}}{24\boxed{\div3}}=\frac{6}{8}$ などです。

2 約分と通分

約分…分母と分子を同じ数でわって,分母の小さい分数にすることを,
　　　約分といいます。分母はできるだけ小さい整数にします。
通分…分母の違う分数を,分母が同じ分数になおすことを,通分とい
　　　います。

例1 $\frac{16}{24}$ の約分では,分母と分子を 16 と 24 の最大公約数でわります。

$$\frac{16}{24}=\frac{16\boxed{\div8}}{24\boxed{\div8}}=\frac{2}{3} \leftarrow 16 と 24 の最大公約数の 8 でわる$$

例2 $\frac{2}{3}$ と $\frac{4}{5}$ の通分では,分母を 3 と 5 の最小公倍数にそろえます。

$$\frac{2}{3}=\frac{2\boxed{\times5}}{3\boxed{\times5}}=\frac{10}{15}, \ \frac{4}{5}=\frac{4\boxed{\times3}}{5\boxed{\times3}}=\frac{12}{15} \leftarrow \begin{array}{l}分母を 3 と 5 の\\最小公倍数の 15 にする\end{array}$$

3 分数のたし算・ひき算

☑ **チェック!**

分母が違う分数のたし算・ひき算のしかた

・通分してから計算します。

・答えが約分できるときは，約分します。

例1 $\dfrac{1}{2}+\dfrac{3}{7}=\dfrac{7}{14}+\dfrac{6}{14}=\dfrac{13}{14}$

例2 $\dfrac{9}{10}-\dfrac{5}{6}=\dfrac{27}{30}-\dfrac{25}{30}=\dfrac{\overset{1}{\cancel{2}}}{\underset{15}{\cancel{30}}}=\dfrac{1}{15}$

例3 帯分数のたし算・ひき算のしかたは，2通りあります。

$1\dfrac{3}{8}+2\dfrac{5}{6}$

$=\dfrac{11}{8}+\dfrac{17}{6}$

$=\dfrac{33}{24}+\dfrac{68}{24}$

$=\dfrac{101}{24}$

仮分数になおして計算する

$1\dfrac{3}{8}+2\dfrac{5}{6}$

$=1+2+\dfrac{3}{8}+\dfrac{5}{6}$

$=3+\dfrac{9}{24}+\dfrac{20}{24}$

$=3+\dfrac{29}{24}$

$=3+1\dfrac{5}{24}$

$=4\dfrac{5}{24}$

整数部分と
分数部分に
分けて計算
する

テスト 次の計算をしなさい。

(1) $\dfrac{2}{3}+\dfrac{3}{4}$

(2) $\dfrac{5}{6}-\dfrac{2}{9}$

(3) $2\dfrac{5}{12}+3\dfrac{13}{18}$

(4) $5\dfrac{1}{7}-2\dfrac{10}{21}$

答え (1) $\dfrac{17}{12}\left(1\dfrac{5}{12}\right)$　(2) $\dfrac{11}{18}$　(3) $\dfrac{221}{36}\left(6\dfrac{5}{36}\right)$　(4) $\dfrac{8}{3}\left(2\dfrac{2}{3}\right)$

重要
1 次の計算をしなさい。

(1) $\dfrac{1}{7}+\dfrac{5}{14}$

(2) $3\dfrac{2}{9}+1\dfrac{3}{5}$

(3) $\dfrac{3}{4}-\dfrac{1}{12}$

(4) $2\dfrac{1}{10}-1\dfrac{11}{15}$

(5) $\dfrac{3}{4}+\dfrac{5}{6}-\dfrac{5}{8}$

(6) $4\dfrac{3}{5}-\left(2\dfrac{1}{3}-\dfrac{5}{6}\right)$

考え方

分母の最小公倍数を求め，通分します。

解き方 (1) $\dfrac{1}{7}+\dfrac{5}{14}=\dfrac{2}{14}+\dfrac{5}{14}=\dfrac{\overset{1}{\cancel{7}}}{\underset{2}{\cancel{14}}}=\dfrac{1}{2}$

分母の最小公倍数で通分する　**答え** $\dfrac{1}{2}$

(2) $3\dfrac{2}{9}+1\dfrac{3}{5}=\dfrac{29}{9}+\dfrac{8}{5}=\dfrac{145}{45}+\dfrac{72}{45}=\dfrac{217}{45}$ ← 帯分数のままでも計算できる

答え $\dfrac{217}{45}\left(4\dfrac{37}{45}\right)$

(3) $\dfrac{3}{4}-\dfrac{1}{12}=\dfrac{9}{12}-\dfrac{1}{12}=\dfrac{\overset{2}{\cancel{8}}}{\underset{3}{\cancel{12}}}=\dfrac{2}{3}$

答え $\dfrac{2}{3}$

(4) $2\dfrac{1}{10}-1\dfrac{11}{15}=(2-1)+\left(\dfrac{1}{10}-\dfrac{11}{15}\right)$

$=1+\dfrac{3}{30}-\dfrac{22}{30}$ ← 仮分数になおしても計算できる

$=1-\dfrac{22}{30}+\dfrac{3}{30}=\dfrac{8}{30}+\dfrac{3}{30}=\dfrac{11}{30}$

答え $\dfrac{11}{30}$

(5) $\dfrac{3}{4}+\dfrac{5}{6}-\dfrac{5}{8}=\dfrac{18}{24}+\dfrac{20}{24}-\dfrac{15}{24}=\dfrac{38}{24}-\dfrac{15}{24}=\dfrac{23}{24}$

答え $\dfrac{23}{24}$

(6) $4\dfrac{3}{5}-\left(2\dfrac{1}{3}-\dfrac{5}{6}\right)=4\dfrac{3}{5}-\left(\dfrac{7}{3}-\dfrac{5}{6}\right)=4\dfrac{3}{5}-\left(\dfrac{14}{6}-\dfrac{5}{6}\right)=4\dfrac{3}{5}-\dfrac{\overset{3}{\cancel{9}}}{\underset{2}{\cancel{6}}}$

$=4\dfrac{3}{5}-\dfrac{3}{2}=\dfrac{23}{5}-\dfrac{3}{2}=\dfrac{46}{10}-\dfrac{15}{10}=\dfrac{31}{10}$

答え $\dfrac{31}{10}\left(3\dfrac{1}{10}\right)$

1 $\dfrac{2}{3}$, $\dfrac{3}{4}$, $\dfrac{5}{8}$, $\dfrac{7}{12}$ の4つの分数を小さい順に並べなさい。

考え方 通分して，分子の数で大小を判断します。

解き方 $\dfrac{2}{3}$, $\dfrac{3}{4}$, $\dfrac{5}{8}$, $\dfrac{7}{12}$ を通分すると，$\dfrac{16}{24}$, $\dfrac{18}{24}$, $\dfrac{15}{24}$, $\dfrac{14}{24}$

これを小さい順に並べると，$\dfrac{14}{24}$, $\dfrac{15}{24}$, $\dfrac{16}{24}$, $\dfrac{18}{24}$

約分して，$\dfrac{7}{12}$, $\dfrac{5}{8}$, $\dfrac{2}{3}$, $\dfrac{3}{4}$

答え $\dfrac{7}{12}$, $\dfrac{5}{8}$, $\dfrac{2}{3}$, $\dfrac{3}{4}$

重要 2 水が水筒に $\dfrac{1}{2}$L，やかんに $\dfrac{2}{3}$L，ペットボトルに $\dfrac{1}{6}$L 入っています。

水の量は，全部で何 L ですか。

解き方 $\dfrac{1}{2}+\dfrac{2}{3}+\dfrac{1}{6}=\dfrac{3}{6}+\dfrac{4}{6}+\dfrac{1}{6}=\dfrac{\overset{4}{\cancel{8}}}{\underset{3}{\cancel{6}}}=\dfrac{4}{3}$ **答え** $\dfrac{4}{3}\left(1\dfrac{1}{3}\right)$L

重要 3 さとるさんの家から $6\dfrac{4}{5}$km 離れたおじさんの家に行くのに，$3\dfrac{1}{8}$km

はバスに乗り，残りは歩いて行きました。さとるさんが歩いた道のり

は何 km ですか。

考え方 （歩いた道のり）＝（全体の道のり）－（バスに乗っていた道のり）

解き方1 $6\dfrac{4}{5}-3\dfrac{1}{8}=\dfrac{34}{5}-\dfrac{25}{8}=\dfrac{272}{40}-\dfrac{125}{40}=\dfrac{147}{40}$(km)

解き方2 $6\dfrac{4}{5}-3\dfrac{1}{8}=(6-3)+\left(\dfrac{4}{5}-\dfrac{1}{8}\right)=3+\dfrac{32}{40}-\dfrac{5}{40}=3\dfrac{27}{40}$(km)

答え $\dfrac{147}{40}\left(3\dfrac{27}{40}\right)$km

・発展問題・

1 　2つの分数をたすのに計算方法を間違えて，分母どうしの数をたすと9，分子どうしの数をたすと5になったので，答えを$\frac{5}{9}$としました。

正しい答えが$\frac{23}{20}$のとき，2つの分数を求めなさい。

> **考え方**　分母どうしをたして9になる数の組み合わせを考えます。
> その組み合わせの中から，通分した分母が正しい答えの20になる組み合わせを考えます。

解き方　間違えて計算したときの，分母どうしをたした数が9になるので，2つの分母の組み合わせは，1と8，2と7，3と6，4と5である。

　この中で，通分したときに分母が20になるものは，4と5のみであるから，2つの分数の分母は4と5に決まる。

　また，間違えて計算したときの，分子どうしをたした数が5になるので，2つの分子の組み合わせは，1と4，2と3である。

　2つ分数の分母と分子の組み合わせを考え，それぞれの和を計算すると，

分子が1と4のとき，$\dfrac{1}{4}+\dfrac{4}{5}=\dfrac{5}{20}+\dfrac{16}{20}=\dfrac{21}{20}$

分子が4と1のとき，$\dfrac{4}{4}+\dfrac{1}{5}=1\dfrac{1}{5}$

分子が2と3のとき，$\dfrac{\overset{1}{\cancel{2}}}{\underset{2}{\cancel{4}}}+\dfrac{3}{5}=\dfrac{1}{2}+\dfrac{3}{5}=\dfrac{5}{10}+\dfrac{6}{10}=\dfrac{11}{10}$

分子が3と2のとき，$\dfrac{3}{4}+\dfrac{2}{5}=\dfrac{15}{20}+\dfrac{8}{20}=\dfrac{23}{20}$

正しい答えが$\dfrac{23}{20}$であることから，分子は3と2のとき，

すなわち，2つの分数は$\dfrac{3}{4}$と$\dfrac{2}{5}$である。

答え $\dfrac{3}{4}$，$\dfrac{2}{5}$

重要
1 次の計算をしなさい。

(1) $\dfrac{5}{6}+\dfrac{1}{10}$　　　　(2) $2\dfrac{7}{8}+5\dfrac{1}{6}$

(3) $\dfrac{3}{4}-\dfrac{2}{3}$　　　　(4) $10\dfrac{5}{12}-3\dfrac{2}{9}$

(5) $\dfrac{2}{3}-\dfrac{1}{7}+\dfrac{1}{14}$　　　　(6) $5\dfrac{5}{12}-\left(1\dfrac{3}{4}-\dfrac{8}{15}\right)$

2 次の問いに答えなさい。

(1) 分子と分母の和が 56 で，約分すると $\dfrac{2}{5}$ になる分数を
求めなさい。

(2) ある分数に $1\dfrac{1}{2}$ をたして $4\dfrac{1}{3}$ をひくと，$2\dfrac{7}{24}$ になりま
した。このとき，ある分数を求めなさい。

(3) 分母が 10 の分数のうち，$\dfrac{2}{3}$ より大きく $\dfrac{4}{5}$ より小さい
分数を求めなさい。

重要
3 赤いリボンと青いリボンがあります。赤いリボンの長
さは $3\dfrac{5}{6}$ m，青いリボンの長さは $2\dfrac{1}{3}$ m です。次の問い
に答えなさい。

(1) 赤いリボンは青いリボンより
何 m 長いですか。

(2) 2 本のリボンをのりしろ部分
が $\dfrac{1}{24}$ m になるようにはりあわ

せました。リボンの全体の長さは何 m ですか。

1-4 分数のかけ算・わり算

1 分数のかけ算

☑ チェック！

分数×分数…分母どうし，分子どうしをかけます。　$\dfrac{\triangle}{\square}\times\dfrac{\text{☆}}{\bigcirc}=\dfrac{\triangle\times\text{☆}}{\square\times\bigcirc}$

例1　1dL で壁を$\dfrac{4}{5}$m²塗れるペンキがあります。このペンキ$\dfrac{2}{3}$dL では，

壁を$\dfrac{4}{5}\times\dfrac{2}{3}=\dfrac{4\times2}{5\times3}=\dfrac{8}{15}$（m²）塗れます。

└──分母どうし，分子どうしをかける

例2　約分できるときは，約分してから計算すると簡単です。

$$\dfrac{8}{9}\times\dfrac{3}{20}=\dfrac{\overset{2}{8}\times\overset{1}{3}}{\underset{3}{9}\times\underset{5}{20}}=\dfrac{2}{15}$$

例3　帯分数は，仮分数になおして計算します。

$$2\dfrac{2}{25}\times1\dfrac{7}{8}=\dfrac{52}{25}\times\dfrac{15}{8}=\dfrac{\overset{13}{52}\times\overset{3}{15}}{\underset{5}{25}\times\underset{2}{8}}=\dfrac{39}{10}$$

テスト　次の計算をしなさい。

(1)　$\dfrac{5}{6}\times\dfrac{7}{10}$　　　　　　(2)　$1\dfrac{5}{9}\times6\dfrac{3}{4}$

答え (1)　$\dfrac{7}{12}$　　(2)　$\dfrac{21}{2}\left(10\dfrac{1}{2}\right)$

☑ チェック！

逆数…2つの数の積が1になるとき，一方の数をもう一方の数の逆数といいます。

例1　$\dfrac{4}{5}\times\dfrac{5}{4}=1$ だから，$\dfrac{4}{5}$の逆数は$\dfrac{5}{4}$，$\dfrac{5}{4}$の逆数は$\dfrac{4}{5}$です。

2 分数のわり算

☑ **チェック!**

分数÷分数…わる数の逆数をかけます。　　　$\dfrac{\triangle}{\square} \div \dfrac{\stackrel{.}{\cancel{\square}}}{\bigcirc} = \dfrac{\triangle \times \bigcirc}{\square \times \stackrel{.}{\cancel{\square}}}$

例1 $\dfrac{4}{9}$dL で壁を $\dfrac{5}{6}$m² 塗れるペンキがあります。

（1dL で塗れる面積）＝（塗った面積）÷（使ったペンキの量）

だから，このペンキ 1dL では，壁を

$$\dfrac{5}{6} \div \dfrac{4}{9} = \dfrac{5}{6} \times \dfrac{9}{4} = \dfrac{5 \times \overset{3}{\cancel{9}}}{\underset{2}{\cancel{6}} \times 4} = \dfrac{15}{8}\,(\text{m}^2)\,塗れます。$$

　　　　　　　　　　　　　　　── わる数の逆数をかける

例2 分数のかけ算とわり算の混じった計算は，逆数を使ってかけ算だけ
の式にして計算します。

$$\dfrac{2}{5} \div \dfrac{7}{15} \times \dfrac{1}{6} = \dfrac{2}{5} \times \dfrac{15}{7} \times \dfrac{1}{6} = \dfrac{\overset{1}{\cancel{2}} \times \overset{\overset{1}{\cancel{3}}}{\cancel{15}} \times 1}{\underset{1}{\cancel{5}} \times 7 \times \underset{\underset{1}{\cancel{3}}}{\cancel{6}}} = \dfrac{1}{7}$$

例3 分数，小数，整数の混じったかけ算やわり算は，分数のかけ算だけ
の式になおすと，計算することができます。

$$\dfrac{7}{8} \div 1.4 \times 6 = \dfrac{7}{8} \div \dfrac{14}{10} \times \dfrac{6}{1} = \dfrac{\overset{1}{\cancel{7}} \times \overset{5}{\cancel{10}} \times \overset{3}{\cancel{6}}}{\underset{4}{\cancel{8}} \times \underset{\underset{1}{\cancel{2}}}{\cancel{14}} \times 1} = \dfrac{15}{4}$$

　　　　$\dfrac{1}{10}$ の 14 個分だから，$1.4 = \dfrac{14}{10}$

テスト 次の計算をしなさい。

(1) $\dfrac{2}{3} \div \dfrac{11}{15}$　　　　　　　　(2) $1\dfrac{7}{18} \div \dfrac{15}{16}$

答え (1) $\dfrac{10}{11}$　　(2) $\dfrac{40}{27}\left(1\dfrac{13}{27}\right)$

重要 1 次の計算をしなさい。

(1) $\dfrac{4}{5} \times \dfrac{3}{7}$　　　　　　(2) $5\dfrac{5}{6} \times 1\dfrac{1}{14}$

(3) $\dfrac{6}{7} \div \dfrac{3}{4}$　　　　　　(4) $\dfrac{7}{20} \div 4\dfrac{3}{8}$

解き方 (1) $\dfrac{4}{5} \times \dfrac{3}{7} = \dfrac{4 \times 3}{5 \times 7} = \dfrac{12}{35}$　　　　**答え** $\dfrac{12}{35}$

(2) $5\dfrac{5}{6} \times 1\dfrac{1}{14} = \dfrac{35}{6} \times \dfrac{15}{14} = \dfrac{\overset{5}{35} \times \overset{5}{15}}{\underset{2}{6} \times \underset{2}{14}} = \dfrac{25}{4}$　　　**答え** $\dfrac{25}{4}\left(6\dfrac{1}{4}\right)$

(3) $\dfrac{6}{7} \div \dfrac{3}{4} = \dfrac{6 \times 4}{7 \times \underset{1}{\overset{2}{3}}} = \dfrac{8}{7}$　　　　**答え** $\dfrac{8}{7}\left(1\dfrac{1}{7}\right)$

(4) $\dfrac{7}{20} \div 4\dfrac{3}{8} = \dfrac{7}{20} \div \dfrac{35}{8} = \dfrac{\overset{1}{7} \times \overset{2}{8}}{\underset{5}{20} \times \underset{5}{35}} = \dfrac{2}{25}$　　　**答え** $\dfrac{2}{25}$

重要 2 次の計算をしなさい。

(1) $\dfrac{4}{9} \times \dfrac{3}{8} \div \dfrac{5}{7}$　　　　　　(2) $2\dfrac{6}{7} \div 6\dfrac{2}{3} \times \dfrac{7}{12}$

(3) $2\dfrac{1}{4} \div 16 \div \dfrac{3}{20}$　　　　　　(4) $0.9 \div 0.8 \times \dfrac{4}{9}$

解き方 (1) $\dfrac{4}{9} \times \dfrac{3}{8} \div \dfrac{5}{7} = \dfrac{4 \times \overset{1}{3} \times \overset{1}{7}}{\underset{3}{9} \times \underset{2}{8} \times 5} = \dfrac{7}{30}$　　　**答え** $\dfrac{7}{30}$

(2) $2\dfrac{6}{7} \div 6\dfrac{2}{3} \times \dfrac{7}{12} = \dfrac{20}{7} \div \dfrac{20}{3} \times \dfrac{7}{12} = \dfrac{\overset{1}{20} \times \overset{1}{3} \times \overset{1}{7}}{\underset{1}{7} \times \underset{1}{20} \times \underset{4}{12}} = \dfrac{1}{4}$　　**答え** $\dfrac{1}{4}$

(3) $2\dfrac{1}{4} \div 16 \div \dfrac{3}{20} = \dfrac{9}{4} \div \dfrac{16}{1} \div \dfrac{3}{20} = \dfrac{\overset{3}{9} \times 1 \times \overset{5}{20}}{4 \times 16 \times \underset{1}{3}} = \dfrac{15}{16}$　　**答え** $\dfrac{15}{16}$

(4) $0.9 \div 0.8 \times \dfrac{4}{9} = \dfrac{9}{10} \div \dfrac{8}{10} \times \dfrac{4}{9} = \dfrac{\overset{1}{9} \times \overset{1}{10} \times \overset{1}{4}}{\underset{1}{10} \times \underset{2}{8} \times \underset{1}{9}} = \dfrac{1}{2}$　　**答え** $\dfrac{1}{2}$

第1章 数と式に関する問題

重要 **1** $\frac{2}{3}$ 時間は何分ですか。

解き方 $\frac{2}{3}$ 時間は 1 時間 (60 分) の $\frac{2}{3}$ 倍である。

$$60 \times \frac{2}{3} = \frac{60}{1} \times \frac{2}{3} = \frac{\overset{20}{60 \times 2}}{1 \times 3} = 40 (分)$$

答え 40 分

2 1L の重さが $\frac{8}{9}$ kg の油があります。この油 $3\frac{3}{4}$ L の重さは何 kg ですか。

考え方 （全体の重さ）＝（1L の油の重さ）×（油の量）

解き方 $\frac{8}{9} \times 3\frac{3}{4} = \frac{\overset{2}{8} \times \overset{5}{15}}{\underset{3}{9} \times \underset{1}{4}} = \frac{10}{3} (kg)$

答え $\frac{10}{3} \left(3\frac{1}{3}\right) kg$

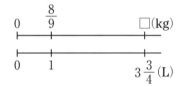

3 マラソン大会で，コース全体の $\frac{7}{10}$ の地点まで走ったとき，「スタートから 14km」という表示がありました。このコース全体の道のりは何 km ですか。

考え方 全体の道のりの $\frac{7}{10}$ 倍が 14km にあたります。

解き方 全体の道のりを □ km とすると，

$$\square \times \frac{7}{10} = 14$$

$$\square = 14 \div \frac{7}{10} = \frac{14 \times 10}{1 \times \underset{1}{7}} = 20 (km)$$

答え 20km

1 ある数を $1\frac{2}{3}$ でわり，さらに $\frac{9}{10}$ でわるところを，間違えて $1\frac{2}{3}$ をかけ，さらに $\frac{9}{10}$ をかけてしまったので，答えが $1\frac{11}{16}$ になりました。

(1) ある数を求めなさい。

(2) 正しい答えを求めなさい。

> **考え方** ある数を□として計算式を考えます。

解き方 (1) ある数を□とすると，$1\frac{2}{3}$ をかけ，さらに $\frac{9}{10}$ をかけた答えが $1\frac{11}{16}$ になることから，

$$\square \times 1\frac{2}{3} \times \frac{9}{10} = 1\frac{11}{16}$$

$$\square = 1\frac{11}{16} \div 1\frac{2}{3} \div \frac{9}{10} = \frac{27}{16} \div \frac{5}{3} \div \frac{9}{10} = \frac{27}{16} \times \frac{3}{5} \times \frac{10}{9}$$

$$= \frac{\overset{3}{27} \times 3 \times \overset{1}{\cancel{10}}}{\underset{8}{16} \times \underset{1}{5} \times \underset{1}{9}} = \frac{9}{8}$$

> 答え $\dfrac{9}{8}\left(1\dfrac{1}{8}\right)$

(2) ある数を $1\frac{2}{3}$ でわり，さらに $\frac{9}{10}$ でわればよいので，

正しい答えは，

$$\frac{9}{8} \div 1\frac{2}{3} \div \frac{9}{10} = \frac{9}{8} \div \frac{5}{3} \div \frac{9}{10} = \frac{9}{8} \times \frac{3}{5} \times \frac{10}{9} = \frac{\overset{1}{9} \times 3 \times \overset{1}{\cancel{10}}}{\underset{4}{8} \times \underset{1}{5} \times \underset{1}{9}} = \frac{3}{4}$$

> 答え $\dfrac{3}{4}$

重要 1 次の計算をしなさい。

(1) $\dfrac{5}{6} \times \dfrac{9}{10}$

(2) $5\dfrac{7}{10} \times 2\dfrac{7}{9}$

(3) $\dfrac{3}{5} \div 1\dfrac{5}{7}$

(4) $\dfrac{8}{5} \div \dfrac{8}{9}$

(5) $\dfrac{9}{10} \div 1\dfrac{7}{11} \div 6\dfrac{3}{5}$

(6) $2.8 \div 2\dfrac{1}{3} \times \dfrac{2}{5}$

重要 2 次の問いに答えなさい。

(1) 1mの重さが$\dfrac{5}{8}$kgの鉄の棒があります。この鉄の棒 $\dfrac{18}{5}$m の重さは何kgですか。

(2) $5\dfrac{3}{8}$mの長さの鉄パイプの重さが$6\dfrac{9}{20}$kgでした。この鉄パイプ1mの重さは何kgですか。

(3) 1mの重さが0.4kgの針金があります。この針金$16\dfrac{1}{4}$mの重さは何kgですか。

重要 3 縦の長さが$1\dfrac{9}{11}$m，横の長さが$3\dfrac{2}{3}$mの長方形の土地の面積は何m^2ですか。

1-5 正の数，負の数

1 正の数，負の数

☑チェック！

正の数…0 より大きい数で，正の符号「＋」をつけることがあります。

負の数…0 より小さい数で，負の符号「－」をつけます。

例1 0 より 4.1 大きい数は，＋4.1 です。

例2 0 より $\frac{1}{7}$ 小さい数は，$-\frac{1}{7}$ です。

テスト 次の数の中から，負の数をすべて選びなさい。

$$+1.3 \quad -9 \quad 0 \quad \frac{1}{6} \quad +11 \quad -\frac{1}{2} \quad 1.7$$ 答え $-9, \ -\frac{1}{2}$

☑チェック！

原点…数直線上で，0 が対応している点

絶対値…数直線上で，ある数に対応する点と原点との距離

例1 ＋5 の絶対値は 5，－5 の絶対値も 5 です。

例2 絶対値が，3.5 である数は，＋3.5 と －3.5 です。

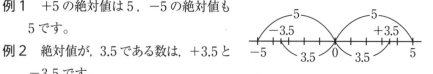

☑チェック！

正の数は，絶対値が大きいほど，大きくなります。

負の数は，絶対値が大きいほど，小さくなります。

例1 ＋5 と＋3.5 では，絶対値が3.5＜5 なので，＋3.5＜＋5 です。

例2 －5 と－3.5 では，絶対値が3.5＜5 なので，－5＜－3.5 です。

テスト 次の数の中で，もっとも小さい数を選びなさい。

$$+1 \quad -1.8 \quad 0 \quad -\frac{15}{4} \quad -3$$ 答え $-\frac{15}{4}$

☑ チェック！

加法と減法の混じった計算

・かっこをはずした式にします。

・正の項，負の項をそれぞれまとめてから計算します。

例1　$(+12)+(-6)-(+3)-(-4)$　← かっこをはずす

$\quad=12-6-3+4$　← 正の項，負の項をそれぞれまとめる

$\quad=12+4-6-3$

$\quad=16-9$

$\quad=7$

☑ チェック！

乗法や除法の計算

負の数が偶数個のとき，答えの符号は「＋」となります。

負の数が奇数個のとき，答えの符号は「−」となります。

例1　$(-5)\times6$ ── 負の数が1個だから「−」

$\quad=-(5\times6)$

$\quad=-30$

テスト　$(-12)\div(-3)$を計算しなさい。　　　　答え　4

☑ チェック！

累乗…同じ数をいくつかかけたもの

指数…累乗で，かけた数の個数を指数といい，数の右上に小さく書きます。

例1　$2\times2\times2$ を累乗の指数を使って表すと，2^3 になります。

例2　$(-3)^2=(-3)\times(-3)=9$

例3　$-5^3=-(5\times5\times5)=-125$

四則の混じった計算

かっこ 　　乗法 　　加法
累乗 → 除法 → 減法 　　の順に計算します。

例1　　$10-(-8)\div 4$

$=10-(-2)$ 　　┐除法を計算する

$=12$ 　　┘減法を計算する

例2　　$11-3^2\times(5-3)$ 　　┐累乗，かっこの中を計算する

$=11-9\times 2$ 　　┘乗法を計算する

$=11-18$

$=-7$

テスト　$-8\div(-4)+(-3)^2$ を計算しなさい。　　　　**答え**　11

3 素因数分解

自然数…1以上の整数

素数…1とその数の他に約数がない自然数を素数といいます。ただし，

1は素数としません。

素因数分解…自然数を素数だけの積で表すこと

例1　素数は，2，3，5，7，11，13，…といくらでもあります。

例2　30の素因数分解は，素数でわることで考えることができます。

$30\div 2=15$

$15\div 3=5$

$\begin{array}{r} 2)\underline{30} \\ 3)\underline{15} \\ 5 \end{array}$ 　┐商が素数になるまで
　　　　└素数でわっていく

より，$30=2\times 3\times 5$ となります。

テスト　210を素因数分解しなさい。　　　　**答え**　$2\times 3\times 5\times 7$

基本問題

重要

1 次の計算をしなさい。

(1) $-8+(+2)$　　　　　　(2) $6+(-9)$

(3) $-5-(+3)$　　　　　　(4) $-4-(-11)$

かっこの前が＋のときは，符号はそのままにします。
かっこの前が－のときは，符号を変えます。

解き方 (1) $-8+(\boxed{+2})$ ┐符号は
　　　　　　　　　　　　└ そのまま
　　　　$=-8\boxed{+2}$
　　　　$=-6$　　**答え** -6

(2) $6+(\boxed{-9})$ ┐符号は
　　　　　　　　└ そのまま
　$=6\boxed{-9}$
　$=-3$　　**答え** -3

(3) $-5-(\boxed{+3})$ ┐符号を
　　　　　　　　　└ 変える
　　　　$=-5\boxed{-3}$
　　　　$=-8$　　**答え** -8

(4) $-4-(\boxed{-11})$ ┐符号を
　　　　　　　　　└ 変える
　$=-4\boxed{+11}$
　$=7$　　**答え** 7

2 次の計算をしなさい。

(1) $4\times(-7)$　　　　　　(2) $(-45)\div(-5)$

(3) $-3^2\times(-4)$　　　　　　(4) $(-6)^2\div(-2^3)$

ポイント
負の数が偶数個のとき，積，商の符号は「＋」となります。
負の数が奇数個のとき，積，商の符号は「－」となります。

解き方 (1) $4\times(-7)$ ┐負の数が1個
　　　　　　　　　　　└ だから「－」
　　　　$=-(4\times7)$
　　　　$=-28$　　**答え** -28

(2) $(-45)\div(-5)$ ┐負の数が2個
　　　　　　　　└ だから「＋」
　$=+(45\div5)$
　$=9$　　**答え** 9

(3) $-3^2\times(-4)$ ┐累乗を計算
　　　　　　　　└
　　　　$=-9\times(-4)$
　　　　$=36$　　**答え** 36

(4) $(-6)^2\div(-2^3)$ ┐累乗を計算
　　　　　　　　└
　$=36\div(-8)$
　$=-4.5$　　**答え** -4.5

3 次の計算をしなさい。

(1) $6 \times (3-7)$

(2) $2 + 27 \div (-9)$

(3) $\dfrac{1}{5} \times 3 + \dfrac{1}{3}$

(4) $\left(\dfrac{7}{4} - \dfrac{1}{2}\right) \div 2$

(5) $3 - (-4)^2 \times 2$

(6) $(-5)^2 + (-8^2) \div 16$

解き方

(1) $6 \times (3-7)$ — かっこの中を先に計算する

$= 6 \times (-4)$

$= -24$ **答え** -24

(2) $2 + 27 \div (-9)$ — 除法を先に計算する

$= 2 + (-3)$

$= -1$ **答え** -1

(3) $\dfrac{1}{5} \times 3 + \dfrac{1}{3}$ — 乗法を先に計算する

$= \dfrac{3}{5} + \dfrac{1}{3}$

$= \dfrac{9}{15} + \dfrac{5}{15}$

$= \dfrac{14}{15}$ **答え** $\dfrac{14}{15}$

(4) $\left(\dfrac{7}{4} - \dfrac{1}{2}\right) \div 2$ — かっこの中を先に計算する

$= \left(\dfrac{7}{4} - \dfrac{2}{4}\right) \div 2$

$= \dfrac{5}{4} \div 2$

$= \dfrac{5}{8}$ **答え** $\dfrac{5}{8}$

(5) $3 - (-4)^2 \times 2$ — 累乗を計算

$= 3 - 16 \times 2$ — 乗法を計算

$= 3 - 32$

$= -29$ **答え** -29

(6) $(-5)^2 + (-8^2) \div 16$ — 累乗を計算

$= 25 + (-64) \div 16$ — 除法を計算

$= 25 - 4$

$= 21$ **答え** 21

4 次の数を素因数分解して，累乗の指数を使って表しなさい。

(1) 126

(2) 264

ポイント 同じ数を2個以上かけるときは，累乗の指数を用いて表します。

解き方

(1)
```
2)1 2 6
3)  6 3
3)  2 1
      7
```
答え $2 \times 3^2 \times 7$

(2)
```
2)2 6 4
2)1 3 2
2)  6 6
3)  3 3
    1 1
```
答え $2^3 \times 3 \times 11$

応用問題

1 自然数である2と3を1つずつ用いてできる加法と減法の中で，計算結果が自然数の集合に含まれない式を書きなさい。

解き方 加法は，2+3＝5，3+2＝5で，5は自然数の集合に含まれる。

減法は，2−3＝−1，3−2＝1で，1は自然数の集合に含まれるが，−1は自然数の集合に含まれない。

答え 2−3

重要 2 下の表は，数学のテストを5回受けたときの点数をまとめたものです。1回めのテストの点数を基準にして，それより高いときはその差を正の数で，それより低いときはその差を負の数で表しています。

	1回め	2回め	3回め	4回め	5回め
基準との差(点)	0	−8	+7	+14	−5

(1) 2回めと5回めの点数の差を求め，絶対値で表しなさい。

(2) 1回めの点数は78点でした。5回の点数の平均は何点ですか。

考え方 (2)(点数の平均)＝(基準の点数)＋(基準との差の平均)

解き方 (1) $(-5)-(-8)=-5+8=3$(点)

答え 3点

(2) 基準との差の平均は，

$\{0+(-8)+(+7)+(+14)+(-5)\}\div5=1.6$(点)

よって，78+1.6＝79.6(点)

答え 79.6点

1 下の表は，ある工場で月曜日から金曜日までに作った製品の個数を
まとめたものです。前日に作った個数を基準にして，それより多いと
きはその差を正の数で，少ないときはその差を負の数で表しています。

	月	火	水	木	金
基準との差(個)		+21	−17	+8	−30

(1) 水曜日と金曜日の個数の差を求め，絶対値で表しなさい。

(2) 月曜日に作られた個数が 200 個のとき，5 日間で作られた製品の個
数の平均は何個ですか。

考え方
> 月曜日に作られた個数を基準にして，火曜日から金曜日までの
> 個数を考えます。

解き方 (1) 月曜日を基準にすると，火曜日は+21(個)，

水曜日は，(+21)+(−17)＝+4(個)，

木曜日は，(+4)+(+8)＝+12(個)，

金曜日は，(+12)+(−30)＝−18(個)

よって，水曜日と金曜日の個数の差は，

$4-(-18)=22$(個)

答え 22 個

(2) (1)より，月曜日の個数を基準にすると，基準との差の平均は，

$\{0+(+21)+(+4)+(+12)+(-18)\}÷5=3.8$(個)

月曜日の個数は 200 個だから，5 日間の個数の平均は，

$200+3.8=203.8$(個)

答え 203.8 個

重要
1 次の計算をしなさい。

(1) $16-(-9)$

(2) $-3^2\times(-2)^4$

(3) $(-5)^2-4^3$

(4) $-8-32\div(-8)$

重要
2 下の表は，同じときに測った4つの地点A，B，C，Dの気温をまとめたものです。そのときの全国の平均気温15℃を基準にして，それより高いときはその差を正の数で，低いときはその差を負の数で表しています。次の問いに答えなさい。

	A	B	C	D
基準との差(℃)	−5	+1	−8	+2

(1) A地点とD地点の気温の差を求め，絶対値で表しなさい。

(2) 4つの地点の平均気温は何℃ですか。

重要
3 右の図のようなます目に1つずつ数を入れて，縦，横，斜めの4つの数の和が，どれも等しくなるようにします。このとき，㋐，㋑，㋒にあてはまる数を求めなさい。

−4			
㋑	6	−2	㋒
㋐	−2	5	1
12			0

1-6 文字と式

1 文字を使った式

☑ チェック！

文字式の表し方

- 乗法では，記号×を省き，$1 \times a$ は a，$(-1) \times a$ は $-a$ と書きます。
- 文字と数の積では，数を文字の前に書きます。
- 同じ文字の積は，累乗の指数を使って書きます。
- 除法では，記号÷を使わずに，分数の形で書きます。

例1 1000 円を出して，1 冊 x 円の本を 2 冊買ったときのおつり

（おつり）＝（出した金額）－（本1冊の値段）×（買った冊数）
<u>1000 円</u>　　　　　<u>x 円</u>　　　　<u>2 冊</u>

より，おつりは，$1000 - x \times 2 = 1000 - 2x$（円）と表されます。

テスト 1 個 250 円のケーキを a 個と，1 個 130 円のシュークリームを 3 個
買ったときの代金を文字式で表しなさい。　　**答え** $250a + 390$（円）

2 式の値

☑ チェック！

代入…式の中の文字に数をあてはめること
式の値…式の中の文字に数を代入して計算した結果

例1 $a = -3$ のとき，$-2 - 5a$ の値

$-2 - 5 \times (-3)$

$= -2 + 15$ ←負の数を代入するときは，かっこをつける

$= 13$

テスト $a = -\dfrac{1}{2}$ のとき，$-6a + 2$ の値を求めなさい。　　**答え** 5

3 文字式の計算

✓ **チェック！**

式を簡単にする…文字式では，文字の部分が同じ項どうし，数の項どうしを，それぞれまとめることができます。

例1　$2x-1-(3x+5)$　┐かっこをはずす

$=2x-1-3x-5$　←項をまとめる

$=-x-6$

例2　$4x \times (-7)$　┐かける順番を変える

$=4 \times (-7) \times x$　←係数を求める

$=-28x$

例3　$5(3x-2)$　┐分配法則 $m(a+b)=ma+mb$ を使ってかっこをはずす

$=5 \times 3x + 5 \times (-2)$　←係数を求める

$=15x-10$

テスト　次の計算をしなさい。

(1)　$7(2x-3)-5$

(2)　$\dfrac{2x+1}{4}+\dfrac{x}{3}$

答え　(1)　$14x-26$　　(2)　$\dfrac{10x+3}{12}$

4 関係を表す式

✓ **チェック！**

等式…等号を使って，2つの数量が等しい関係を表した式

不等式…不等号を使って，2つの数量の大小関係を表した式

例1　1個120gの缶づめ a 個の重さが800gより軽いことを不等式で表すと，$120a<800$ となります。

テスト　1本140円のペンを x 本買ったときの代金が700円であることを，等式で表しなさい。

答え　$140x=700$

重要 1 次の数量を，文字式で表しなさい。

(1) 1本50円のボールペンを a 本買ったときの代金

(2) まわりの長さが $20x$cm の正五角形の1辺の長さ

考え方
(1)(代金)＝(ボールペン1本の値段ねだん)×(買った本数)

(2)(正五角形の1辺の長さ)＝(まわりの長さ)÷5

解き方 (1) $50×a=50a$(円)

答え $50a$ 円

(2) $20x÷5=\dfrac{\overset{4}{20x}}{\underset{1}{5}}=4x$(cm)

答え $4x$cm

重要 2 $a=-3$ のとき，次の式の値あたいを求めなさい。

(1) $a+1$ (2) $-a+7$ (3) $\dfrac{15}{a}$ (4) $-2a^2+3$

 負の数を代入するときは，かっこをつけます。

解き方 (1) $a+1$

$=(-3)+1$

$=-2$

答え -2

(2) $-a+7$

$=-(-3)+7$

$=3+7$

$=10$

答え 10

(3) $\dfrac{15}{a}$

$=\dfrac{15}{-3}$

$=-5$

答え -5

(4) $-2a^2+3$

$=-2×(-3)^2+3$

$=-2×9+3$

$=-18+3$

$=-15$

答え -15

1 次の計算をしなさい。

(1) $x+5-(2x-7)$ 　　　　(2) $2(x-5)-6(2x-3)$

・かっこの前の数や符号にしたがって，かっこをはずします。
・文字の部分が同じ項どうし，数の項どうしをまとめます。

解き方 (1) $x+5-(2x-7)$ 　　　かっこをはずす
$\quad=x+5-2x+7$ 　　　項をまとめる
$\quad=-x+12$

答え $-x+12$

(2) $2(x-5)-6(2x-3)$ 　　　分配法則を使ってかっこをはずす
$\quad=2x-10-12x+18$ 　　　項をまとめる
$\quad=-10x+8$

答え $-10x+8$

2 $a\,\text{m}$ のリボンから $3\,\text{m}$ ずつ切り取っていくと，b 本切り取ったところで残りのテープは $2\,\text{m}$ より短くなりました。このときの数量の関係を，不等式で表しなさい。

考え方 (残りのテープの長さ)<2

解き方 (残りのテープの長さ)＝(全体の長さ)−(切り取った長さ)より，

残りのテープの長さは，$a-3\times b=a-3b\,(\text{m})$ と表される。

これが $2\,\text{m}$ より短いので，

$a-3b<2$

答え $a-3b<2$

1 右の図のように，マッチ棒を使って，正方形が並ぶ形をつくります。

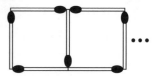

(1) 正方形を 5 個作るとき，マッチ棒は全部で何本必要ですか。

(2) 正方形を n 個作るとき，マッチ棒は全部で何本必要ですか。n を用いて表しなさい。

(3) 正方形を 100 個作るとき，マッチ棒は全部で何本必要ですか。

考え方
> 1 個めの正方形を作るときはマッチ棒を 4 本使います。
> 2 個めからは 1 個作るのに 3 本ずつマッチ棒を使います。

解き方 (1) マッチ棒は，1 個めの正方形を作るのに 4 本，2 個めの正方形からは 1 個作るのに 3 本必要だから，正方形を 5 個作るのに必要なマッチ棒の本数は，

$$4+3×(5-1)=16(本)$$

答え 16 本

(2) 正方形の個数　　1　　2　　3　… n（個）

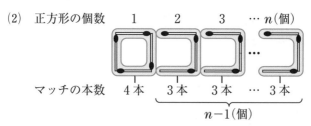

マッチの本数　4 本　3 本　3 本　… 3 本
　　　　　　　　　　　$n-1$（個）

上の図より，正方形を n 個作るのに必要なマッチ棒の本数は，

$$4+3×(n-1)=4+3n-3=3n+1(本)$$

答え $3n+1$（本）

(3) $3n+1$ に $n=100$ を代入して，

$$3×100+1=301(本)$$

答え 301 本

答え：別冊 p.8～p.9

第1章

数と式に関する問題

重要
1 次の数量を，文字式で表しなさい。

(1) 1個 x g のおもり 12 個と，1個 y g のおもり 9 個を合わせた重さ

(2) 2本の対角線の長さが $2a$ cm と $2b$ cm のひし形の面積

2 右の図は，縦が $a$cm，横が $b$cm の長方形です。次の式は，どんな数量を表していますか。

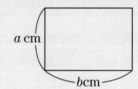

a cm

$b$cm

(1) $2a+2b$ (2) ab

重要
3 $x=-3$，$y=-5$ のとき，次の式の値を求めなさい。

(1) $4x-16$ (2) $-\dfrac{30}{y}$ (3) $-2x^2+y$

4 下の⑦～⊆の中から，a に 0 以外のどのような数を代入しても，式の値がいつも正の数になるものをすべて選びなさい。

⑦ $-(-a)$ ④ a^2 ⑦ $-a^2$ ⊆ $(-a)^2$

重要
5 次の計算をしなさい。

(1) $2x-(3x-1)$ (2) $6(2x-5)-3(3x-8)$

(3) $\dfrac{3x-2}{4}-\dfrac{x-7}{8}$ (4) $-\dfrac{5x-2}{6}-\dfrac{4x+1}{9}$

1-7 1次方程式

1 1次方程式の解き方

☑ チェック！

1次方程式の解き方
・分数，小数を含むときは，整数になるようにします。
・かっこがあるときは，かっこをはずします。
・文字の項を左辺に，数の項を右辺に移項します。
・両辺をそれぞれ計算して，$ax=b$ の形にします。
・両辺を x の係数 a でわって，x の値を求めます。

例1 分数を含む1次方程式

$$\frac{x+6}{7}=3+\frac{1}{2}x$$

$$\frac{x+6}{7}\times14=\left(3+\frac{1}{2}x\right)\times14$$

分数の分母の7と2の最小公倍数14を両辺にかけて分母をはらう

$$2(x+6)=42+7x$$

分配法則 $m(a+b)=ma+mb$ を使ってかっこをはずす

$$2x+12=42+7x$$

文字の項を左辺に，数の項を右辺に移項する

$$2x-7x=42-12$$

両辺の項をまとめて，$ax=b$ の形にする

$$-5x=30$$

両辺を x の係数 -5 でわって，x の値を求める

$$x=-6$$

例2 小数を含む1次方程式

$$0.12x+1.9=6.7-0.04x$$

両辺に100をかけて小数のない式にする

$$12x+190=670-4x$$

文字の項を左辺に，数の項を右辺に移項する

$$12x+4x=670-190$$

両辺の項をまとめて，$ax=b$ の形にする

$$16x=480$$

両辺を x の係数16でわって，x の値を求める

$$x=30$$

2 1次方程式の利用

☑チェック!

方程式を使って問題を解く手順

・等式で表すことができる数量の関係を見つけます。

・適当_{てきとう}な数量を x とおきます。

・x を用いて方程式をつくり，方程式を解きます。

例1 速さ，時間，道のりの問題

2地点 A，B の間を，行きは分速 120m，帰りは分速 200m で走っ
たところ，往復_{おうふく}で 24 分かかりました。地点 A，B 間の道のりと，行
きにかかった時間を求めるとき，上記の手順にしたがって，大きく 2
通りの方法が考えられます。

・等しい関係を見つける。

(行きの時間)＋(帰りの時間)

＝(往復の時間)

・どの数量を x にするか決める。

A，B 間の道のりを xm とする。

・方程式をつくり，解く。

時間＝道のり÷速さ　なので，

$$\frac{x}{120}+\frac{x}{200}=24$$
$$x=1800$$

$1800÷120=15$

よって，

A，B 間の道のりは 1800m

行きにかかった時間は 15 分

・等しい関係を見つける。

(行きの道のり)

＝(帰りの道のり)

・どの数量を x にするか決める。

行きにかかった時間を x 分とする。

・方程式をつくり，解く。

道のり＝速さ×時間　なので，

$$120x=200(24-x)$$
$$x=15$$

$120×15=1800$

よって，

A，B 間の道のりは 1800m

行きにかかった時間は 15 分

重要
1 次の方程式を解きなさい。

(1) $x=3x+4$

(2) $2x+3=5x-9$

(3) $-3(x+2)=4-5x$

(4) $5-3(2x-1)=2(x-4)$

(5) $0.75x-1.2=x+0.3$

(6) $\dfrac{x+1}{4}-\dfrac{2x-1}{3}=1$

解き方 (1)
$$x=3x+4$$
$$x-3x=4$$
$$-2x=4$$
$$x=-2$$

答え $x=-2$

(2)
$$2x+3=5x-9$$
$$2x-5x=-9-3$$
$$-3x=-12$$
$$x=4$$

答え $x=4$

(3)
$$-3(x+2)=4-5x$$
$$-3x-6=4-5x$$
$$-3x+5x=4+6$$
$$2x=10$$
$$x=5$$

答え $x=5$

(4)
$$5-3(2x-1)=2(x-4)$$
$$5-6x+3=2x-8$$
$$-6x-2x=-8-5-3$$
$$-8x=-16$$
$$x=2$$

答え $x=2$

(5)
$$0.75x-1.2=x+0.3$$
$$(0.75x-1.2)\times100=(x+0.3)\times100$$
$$75x-120=100x+30$$
$$75x-100x=30+120$$
$$-25x=150$$
$$x=-6$$

答え $x=-6$

(6)
$$\dfrac{x+1}{4}-\dfrac{2x-1}{3}=1$$
$$\left(\dfrac{x+1}{4}-\dfrac{2x-1}{3}\right)\times12=1\times12$$
$$3(x+1)-4(2x-1)=12$$
$$3x+3-8x+4=12$$
$$3x-8x=12-3-4$$
$$-5x=5$$
$$x=-1$$

答え $x=-1$

重要 1 Aさんは1200円，Bさんは2640円持っていましたが，2人が同じ品物を買ったところ，Bさんの残金はAさんの残金の3倍になりました。

(1) 品物の値段をx円として，方程式をつくりなさい。

(2) 品物の値段は何円ですか。

考え方 Aさんと Bさんの残金を x を用いて表します。

解き方 (1) A さんの残金は $1200-x$（円），B さんの残金は $2640-x$（円），

（B さんの残金）＝（A さんの残金）×3 となるので，

$2640-x=3(1200-x)$

答え $2640-x=3(1200-x)$

(2) (1)の方程式を解いて，$x=480$ **答え** 480 円

重要 2 あるクラスの生徒に鉛筆を同じ本数ずつ配ります。1人に5本ずつ配ると30本あまり，1人に7本ずつ配ると16本たりません。

(1) 生徒の人数をx人として，方程式をつくりなさい。

(2) 鉛筆は全部で何本ありますか。

考え方 2 通りの配り方について，もとの鉛筆の本数を x を用いて表します。

解き方 (1) 5 本ずつ配ると 30 本あまるので，$5x+30$（本）　…①

7 本ずつ配ると 16 本たりないので，$7x-16$（本）　…②

①，②は等しいから，$5x+30=7x-16$

答え $5x+30=7x-16$

(2) (1)の方程式を解いて，$x=23$ より，生徒は 23 人

よって，鉛筆の本数は，$5×23+30=145$（本）

答え 145 本

1 x についての方程式 $5(x-a)=3-ax$ の解が $x=3$ のとき，a の値を求めなさい。

考え方 方程式の解が 3 なので，$x=3$ のときに等式が成り立ちます。

解き方 $5(x-a)=3-ax$ に $x=3$ を代入して，

$5(3-a)=3-3a$

これを a についての方程式とみて，a の値を求めると，

$15-5a=3-3a$

$-2a=-12$

$a=6$

答え $a=6$

2 兄弟が家を出発して公園まで歩いて行くことにしました。先に弟が分速 50m の速さで歩き出し，弟が出発してから 6 分後に兄が分速 80m の速さで歩いて弟を追いかけました。

(1) 兄は出発してから何分後に弟に追いつきますか。

(2) 兄が弟に追いついた地点は家から何 m のところですか。

解き方 (1) 兄が家を出発してから x 分後に追いつくとすると，兄が弟に追いつくまでの関係は下の表のようになる。

	弟	兄
分速(m)	50	80
歩いた時間(分)	$6+x$	x
進んだ道のり(m)	$50(6+x)$	$80x$

2 人が進んだ道のりは等しいので，方程式は，

$50(6+x)=80x$

この方程式を解いて，$x=10$

答え 10 分後

(2) (1)より，兄が 10 分間に進んだ道のりだから，

$80×10=800(m)$

答え 800m

重要
1 次の方程式を解きなさい。

(1) $x-9=4x$

(2) $-8x+3=-6x+11$

(3) $11-2(2x-7)=x$

(4) $5(x-3)=2(x-5)-8$

(5) $1.2x=6.4-0.4x$

(6) $0.2x+3=0.07x+0.4$

(7) $\dfrac{1}{3}x-\dfrac{1}{4}(2x-1)=\dfrac{7}{12}$

(8) $\dfrac{x-3}{6}-\dfrac{2x-1}{9}=-1$

重要
2 パン屋でメロンパンが1個140円，あんパンが1個80円で売られています。メロンパンとあんパンを合わせて9個買ったところ，代金は960円でした。次の問いに答えなさい。

(1) メロンパンを x 個買ったとして，方程式をつくりなさい。

(2) 買ったメロンパンとあんパンはそれぞれ何個ですか。

3 ゆいさんは，兄と2人でお金を出し合って，5800円のゲームソフトを買いました。兄がゆいさんの出した金額の1.5倍の金額を出したとき，次の問いに答えなさい。

(1) ゆいさんが出した金額を x 円として，方程式をつくりなさい。

(2) ゆいさんと兄が出した金額はそれぞれ何円ですか。

重要
4 画用紙が何枚かあります。何人かの生徒に1人4枚ずつ配ると27枚あまり，1人に6枚ずつ配ると3枚あまります。次の問いに答えなさい。

(1) 生徒の人数を x 人として，方程式をつくりなさい。

(2) 画用紙は全部で何枚ありますか。

重要
5 あゆみさんは家と学校を往復するのに，行きは分速70mの速さで歩き，帰りは分速105mの速さで走ったところ，行きと帰りにかかった時間の合計は30分でした。次の問いに答えなさい。

(1) あゆみさんの家から学校までの道のりを x m として，方程式をつくりなさい。

(2) あゆみさんの家から学校までの道のりは何mですか。

6 もとの値段の20％引きになっているボールペン1本と，1冊100円のノート3冊を買ったところ，代金は780円でした。次の問いに答えなさい。

(1) ボールペンのもとの値段を x 円として，方程式をつくりなさい。

(2) ボールペンのもとの値段は何円ですか。

第2章 関数に関する問題

単位量あたりの大きさ

1 単位量あたりの大きさ

☑ チェック！

1個あたりの値段や，1Lあたりの重さなどのことを，単位量あたりの大きさといいます。

例1 25個で400円のみかんAと，30個で450円のみかんBがあります。

1個あたりの値段は，

みかんAは，400÷25=16（円）　みかんBは，450÷30=15（円）

よって，1個あたりの値段は，みかんBの方が安いとわかります。

テスト 12Lのガソリンで216km走る自動車Aと，16Lのガソリンで304km走る自動車Bがあります。1Lあたりで走れる道のりが長いのはどちらの自動車ですか。　　　　　　　　　　　**答え** 自動車B

2 人口密度

☑ チェック！

人口密度… 1km^{2}あたりの人口

人口密度＝人口÷面積

例1 右の表は，A市とB市の面積と人口をまとめたものです。それぞれの人口密度は，一の位を四捨五入して求めると，次のようになります。

A市　103000÷170=605.8…（　人）→610人

B市　$\underline{285000}$÷$\underline{490}$=581.6…（人）→ 580人
　　　人口　面積　人口密度　一の位を四捨五入

A市のほうが人口密度が高いので混んでいるといえます。

A市とB市の面積と人口

	面積 （km^2）	人口 （人）
A市	170	103000
B市	490	285000

3 速さ

速さは，単位時間あたりに進む道のりで表します。

時速…1時間に進む道のりで表した速さ

分速…1分間に進む道のりで表した速さ

秒速…1秒間に進む道のりで表した速さ

速さ，道のり，時間の関係

速さ＝道のり÷時間

道のり＝速さ×時間

時間＝道のり÷速さ

例1　3分間で240m歩いたときの歩く速さは，

$$240 \div 3 = 80 \text{(m)} \quad \leftarrow 速さ＝道のり÷時間$$

で，分速80mです。←1分間あたり80mなので，分速80m

例2　時速60kmで走る自動車が3時間に進む道のりは，

$$60 \times 3 = 180 \text{(km)} \quad \leftarrow 道のり＝速さ×時間$$

で，180kmです。

例3　秒速14mで走るバイクが350m走るのにかかる時間は，

$$350 \div 14 = 25 \text{(秒)} \quad \leftarrow 時間＝道のり÷速さ$$

で，25秒です。

テスト　次の問いに答えなさい。

(1)　270kmの道のりを6時間で走る自動車の速さは，時速何kmですか。

(2)　秒速20mで走る電車が30秒間に進む道のりは，何mですか。

答え　(1)　時速45km　　(2)　600m

1 同じケーキを 6 個作るのに砂糖を 90g 使いました。

(1) ケーキ 1 個あたりに何 g の砂糖を使いますか。

(2) 砂糖が 400g あるとき，同じケーキを何個まで作ることができますか。

考え方
┌───┐
(1)（1 個あたりに使う重さ）＝（全体の重さ）÷（個数）

(2)（個数）＝（全体の重さ）÷（1 個あたりに使う重さ）
└───┘

解き方 (1)　$90 \div 6 = 15 (\text{g})$ 　　　　　　　　　　　　　　**答え** 15g

(2)　$400 \div 15 = 26 (\text{個}) あまり 10$ 　　　　　　　　**答え** 26 個

重要
2 あるマラソン選手は 1500 m を 5 分で走りました。走る速さは変わらないものとして，次の問いに答えなさい。

(1) この選手の走る速さは分速何mですか。

(2) この選手の走る速さは秒速何mですか。

(3) この選手が 12km 走るのにかかる時間は何分ですか。

ポイント
┌─────────────────────┐
速さ＝道のり÷時間

時間＝道のり÷速さ
└─────────────────────┘

解き方 (1)　1 分間に進んだ道のりは，

$1500 \div 5 = 300 (\text{m})$ 　　　　　　　**答え** 分速 300m

(2)　(1)で求めた分速を秒速になおす。秒速は 1 秒間に進んだ道のりで，1 分＝60 秒だから，

$300 \div 60 = 5 (\text{m})$

　分速を秒速に変えるときは 60 でわる 　　　**答え** 秒速 5m

(3)　12km＝12000 m だから，

$12000 \div 300 = 40 (\text{分})$ 　　　　　　**答え** 40 分

　「何分」で答えるので，分速を使う

重要 1 ある店では，赤色のリボンが 2.4m あたり 300 円，青色のリボンが 3.2m あたり 480 円で売られています。1m あたりの値段を比べると，何色のリボンのほうが何円高いですか。

考え方
(1m あたりの値段)＝(値段)÷(長さ)

解き方 赤色のリボン　300÷2.4＝125(円)

青色のリボン　480÷3.2＝150(円)

その差は，150－125＝25(円)

答え 青色のリボンのほうが 25 円高い

重要 2 右の表は，平成 27 年の京都市の左京区と右京区について，人口と面積を調べてまとめたものです。

左京区と右京区の人口と面積

区	人口(人)	面積(km²)
左京区	168266	247
右京区		292

(京都市のウェブサイトより)

(1) 左京区の人口密度(1km² あたりの人口)はおよそ何人ですか。答えは，一の位を四捨五入して求めなさい。

(2) 右京区の人口密度はおよそ 700 人です。右京区の人口はおよそ何人ですか。答えは，百の位を四捨五入して求めなさい。

ポイント
人口密度＝人口÷面積
人口＝人口密度×面積

解き方 (1)　168266÷247＝681.2 …(人)

一の位を四捨五入して，680 人

答え 680 人

(2)　700×292＝204400(人)

百の位を四捨五入して，204000 人

答え 204000 人

1 ひろとさんとなおきさんが，池のまわり
を同じスタート地点から同時に同じ方向へ
歩き始めました。ひろとさんの歩く速さは
分速70m，なおきさんの歩く速さは分速
88mです。

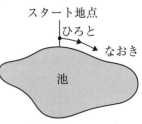

(1) 5分後，なおきさんはひろとさんの何m先にいますか。

(2) なおきさんはひろとさんに1時間20分後にはじめて追いつきました。池のまわりの長さは何kmですか。

考え方
> 2人が同じ方向に進むとき，2人の距離（きょり）は，
> (2人の速さの差)×(時間)で表すことができます。

解き方 (1) ひろとさんが1分間に進む道のりは70m，なおきさんが1分
間に進む道のりは88mなので，2人の距離は1分間に，

$88-70=18(m)$

ずつ長くなる。5分後の2人の距離は，

$\underset{速さ}{18}\times\underset{時間}{5}=90(m)$

答え 90m

(2) はじめて追いついたということは，ひろとさんがなおきさんの
1周遅れ（おく）になったということで，そのときの2人の距離が，池の
まわりの長さに等しくなったということである。

1時間20分＝80分だから，

$\underset{速さ}{18}\times\underset{時間}{80}=1440(m)$

1440m＝1.44kmだから，1.44km

答え 1.44km

重要
1 長さが 4m で重さが 500g の針金(はりがね)があります。次の問いに答えなさい。

(1) 長さが 3.6m の針金の重さは何 g ですか。

(2) 重さが 1.2kg の針金の長さは何 m ですか。

重要
2 2 つのじゃがいも畑 A, B があります。次の問いに答えなさい。

	A	B
面積(m²)	80	120
収穫量(kg)	100	

(1) A の畑では 1m² あたり何 kg のじゃがいもを収穫(しゅうかく)しましたか。

(2) B の畑では，1m² あたり 1.5kg のじゃがいもを収穫しました。B の畑の収穫量は何 kg ですか。

重要
3 A，B，C の 3 台のコピー機があります。A は 12 分で 420 枚(まい)，B は 15 分で 480 枚，C は 20 分で 760 枚コピーできます。次の問いに答えなさい。

(1) A のコピー機は，1 分あたり何枚コピーできますか。

(2) 3 台のコピー機のうち，もっとも速くコピーできるのはどのコピー機ですか。

重要
4 はるなさんは山に登りました。午前 7 時 30 分に登山口を出発し，分速 20 m で歩くと，午前 9 時 10 分に山頂(さんちょう)に着きました。次の問いに答えなさい。

(1) 登山口から頂上までの道のりは何 km ですか。

(2) 頂上で 40 分間休んでから，分速 25m の速さで下山しました。登山口に着いたのは午前何時何分ですか。

2-2 割合

1 割合

☑チェック!

割合…比べる量がもとにする量の何倍にあたるかを表す数

割合＝比べる量÷もとにする量

比べる量＝もとにする量×割合

もとにする量＝比べる量÷割合

例1 全校生徒160人のうち，64人が1年生です。全校生徒の人数をもとにしたとき，1年生の人数の割合は，

$$\underset{\text{比べる量}}{64} \div \underset{\text{もとにする量}}{160} = \underset{\text{割合}}{0.4}(倍)$$

で，0.4（倍）です。

例2 定員120人のイベントに，定員の0.6倍の申し込みがありました。申込者の人数は，

$$\underset{\text{もとにする量}}{120} \times \underset{\text{割合}}{0.6} = \underset{\text{比べる量}}{72}(人)$$

で，72人です。

例3 今年1年間で本を24冊読みました。これは，昨年1年間に読んだ本の1.5倍です。昨年1年間に読んだ本は，

$$\underset{\text{比べる量}}{24} \div \underset{\text{割合}}{1.5} = \underset{\text{もとにする量}}{16}(冊)$$

で，16冊です。

> **テスト** 昨年の身長は150cmで，今年の身長は昨年の1.04倍になりました。今年の身長は何cmですか。

答え 156cm

2 百分率と歩合

百分率…もとにする量を 100 としたときの割合の表し方です。割合を
表す 0.01 を，**1 %**（パーセント）といいます。

歩合…割合の表し方の 1 つです。割合を表す 0.1 を **1 割**，0.01 を **1 分**，
0.001 を **1 厘**といいます。

割合を表す小数	1	0.1	0.01	0.001
百分率	100 %	10 %	1 %	0.1 %
歩合	10 割	1 割	1 分	1 厘

例1 小数の割合 0.57 を百分率で表す場合は，100 倍すればいいので，
0.57×100＝57 で，57 %です。

例2 百分率 8 %を小数の割合で表す場合は，100 でわればよいので，
8÷100＝0.08 で，0.08 です。

例3 小数の割合 0.875 を歩合で表す場合は，0.1 が 1 割なので 0.8 は 8
割，0.01 が 1 分なので 0.07 は 7 分，0.001 が 1 厘なので 0.005 は 5 厘
で，8 割 7 分 5 厘です。

例4 歩合 6 割 2 厘を小数で表す場合は，1 割が 0.1 なので 6 割は 0.6，1
厘が 0.001 なので 2 厘は 0.002 で，0.602 です。

例5 A 町の面積 80km² のうち，森林の面積は 36km² です。A 町の面積
をもとにした森林の面積の割合は，
36÷80＝0.45
百分率で表すと 45 %，歩合で表すと 4 割 5 分です。

テスト 歩合 9 割 2 分 7 厘を，小数と百分率で表しなさい。

答え 小数…0.927　百分率…92.7 %

重要 1 次の割合を小数，百分率，歩合で表しなさい。

(1) 80cm をもとにしたときの 30cm の割合

(2) 50L に対する 60L の割合

(3) 昨年の 150 人だった生徒数が今年は 159 人になったとき，昨年の人数に対して今年増えた人数の割合

ポイント 割合＝比べる量÷もとにする量

解き方 (1) 80cm がもとにする量で，30cm が比べる量だから，

$30 \div 80 = 0.375$ 　0.375 は 37.5 ％，3 割 7 分 5 厘

答え 小数…0.375 　百分率…37.5 ％ 　歩合…3 割 7 分 5 厘

(2) 50L がもとにする量で，60L が比べる量だから，

$60 \div 50 = 1.2$ 　1.2 は 120 ％，12 割

答え 小数…1.2 　百分率…120 ％ 　歩合…12 割

(3) 150 人がもとにする量で，159－150＝9(人)が比べる量だから，

$9 \div 150 = 0.06$ 　0.06 は 6 ％，6 分

答え 小数…0.06 　百分率…6 ％ 　歩合…6 分

重要 2 次の□□□□にあてはまる数を求めなさい。

(1) 250g の 34 ％は □□□□ g です。

(2) □□□□ m² の 7 割 8 分は 2340m² です。

ポイント 比べる量＝もとにする量×割合
もとにする量＝比べる量÷割合

解き方 (1) もとにする量は 250g，34 ％は 0.34 だから，

$250 \times 0.34 = 85(g)$ 　　　　　　　　　**答え** 85

(2) 比べる量は 2340m²，7 割 8 分は 0.78 だから，

$2340 \div 0.78 = 3000(m²)$ 　　　　　　　**答え** 3000

応用問題

重要
1 ケーキを作るのに家にある小麦粉の 8 割を使ったところ，小麦粉は 70g 残りました。はじめ小麦粉は何 g ありましたか。

考え方 小麦粉の重さと割合の関係を図で表して考えます。

解き方 8 割を小数で表すと 0.8
右の図より，70g が全体の
1−0.8 にあたるから，

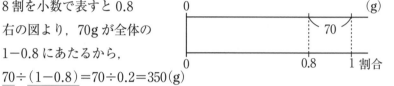

70÷(1−0.8)＝70÷0.2＝350(g)
比べる量　割合

答え 350g

2 あるイベントの今日の参加者数は，4800 人でした。これは昨日の参加者数の 120 ％にあたります。

(1) 昨日の参加者は何人ですか。

(2) 明日の参加者数は 5000 人の予定です。明日の参加者数は昨日の参加者数の何％にあたりますか。

考え方 もとにする量が何にあたるかを考えます。

解き方 (1) 昨日の参加者数をもとにしたときの 120 ％が今日の参加者数だから，昨日の参加者数は，

4800÷1.2＝4000(人)
比べる量　割合

答え 4000 人

(2) 昨日の参加者数 4000 人をもとにした明日の参加者数 5000 人の割合は，

5000÷4000＝1.25　1.25 は 125 ％
比べる量　もとにする量

答え 125 ％

第2章 関数に関する問題

2-2 割合 69

・発展問題・

1 A店とB店で，3900円のセーターと1900円のシャツが売られています。

(1) えみさんはA店で，セーターをもとの値段の3割引き，シャツをもとの値段の4割引きで買いました。えみさんが払った代金は何円ですか。

(2) あやさんはB店で，セーターをもとの値段の2割引き，シャツをもとの値段の3割引きで買おうとしたところ，さらに合計金額の1割引きで買うことができました。あやさんが払った代金は何円ですか。

考え方 (もとの値段)×(割引率)＝(割り引いた金額)より，
(割り引き後の値段)＝(もとの値段)×(1－(割引率))

解き方 (1) 3割，4割をそれぞれ小数で表すと，0.3，0.4，
セーターの割り引き後の値段は，3900×(1－0.3)＝2730(円)，
シャツの割り引き後の値段は，1900×(1－0.4)＝1140(円)だから，
2730＋1140＝3870(円)

答え 3870円

(2) 2割，3割をそれぞれ小数で表すと，0.2，0.3，
セーターの割り引き後の値段は，3900×(1－0.2)＝3120(円)，
シャツの割り引き後の値段は，1900×(1－0.3)＝1330(円)だから，
3120＋1330＝4450(円)
合計金額の1割引きで買うことができたから，
4450×(1－0.1)＝4005(円)

答え 4005円

重要 1 次の ［　　　　］にあてはまる数を求めなさい。

(1) 225L の 48 % は ［　　　　］L です。

(2) 135cm は 360cm の ［　　　］割［　　　］分ぶ［　　　］厘りん です。

(3) ［　　　　］kg の 140 % は 91kg です。

重要 2 さとみさんは，全部で 180 ページの本を，1 日めに全体の 40 % 読み，2 日めに 54 ページ読みました。このとき，次の問いに答えなさい。

(1) さとみさんは 1 日めに何ページ読みましたか。

(2) 2 日めに読んだページ数は本全体の何 % ですか。

3 次の問いに答えなさい。

(1) あきさんは，780 円の雑貨ざっかを 20 % 引きで買いました。何円で買いましたか。

(2) しょうたさんは，もとの値段の 3 割引きの 1750 円で米を買いました。この米のもとの値段は何円ですか。

重要 4 ある中学校の昨年の生徒数は 360 人で，そのうち，1 年生は 126 人でした。次の問いに答えなさい。

(1) 昨年の生徒のうち，1 年生の割合は何 % でしたか。

(2) 今年の生徒数は，昨年より 5 % 減りました。今年の生徒数は何人ですか。

2-3 比

1 比

☑ チェック！

比…2つ以上の量の割合を，その数と記号「：」を使って「2：3」のよ
うに表すとき，このように表された割合を比といいます。

例1 縦 12cm，横 23cm の長方形の，縦の長さと横の長さの比は，
12：23 と表します。

2 等しい比

☑ チェック！

$a：b$ に等しい比…a と b に同じ数をかけたり，a と b を同じ数でわっ
たりしてできる比は，すべて等しい比です。

比を簡単にする…比を，それと等しい比でできるだけ小さい整数の比
になおすこと

例1 12：18 を簡単にするには，両方の数を 12 と 18 の最大公約数 6 で
わります。

12：18＝（12÷6）：（18÷6）＝2：3
12 と 18 の最大公約数 6 でわる

例2 0.7：4.9 を簡単にするには，両方の数に 10 をかけます。

0.7：4.9＝（0.7×10）：（4.9×10）＝7：49＝1：7
整数にするために 10 をかける

テスト 次の比を簡単にしなさい。

(1) 0.8：1

(2) $\dfrac{2}{3}：\dfrac{3}{5}$

答え (1) 4：5 (2) 10：9

3 比例式

☑ **チェック!**

> **比例式**…「$a:b=m:n$」のような，比が等しいことを表す式
>
> **比例式の性質**…$a:b=m:n$ ならば，$an=bm$
>
> **比例式を解く**…比例式は，比例式の性質を使って，方程式の形にする
> ことで，x の値を求めることができます。

例1 $5:11=x:44$ の x にあてはまる数を求めます。

$$5:11=x:44 \quad\overset{\times 4}{}$$

44 が 11 の 4 倍になっていることから，

$x=5\times 4$

$=20$

例2 $36:28=x:7$ の x にあてはまる数を求めます。

$$36:28=x:7 \quad\overset{\div 4}{}$$

7 が 28 の $\dfrac{1}{4}$ 倍になっていることから，

$x=36\times\dfrac{1}{4}$

$=9$

例3 $x:10=12:5$ の x にあてはまる数を求めます。

$x:10=12:5$

比例式の性質より，

$x\times 5=10\times 12$

$5x=120$

$x=24$

テスト 次の式の x の値を求めなさい。

(1) $45:10=9:x$ 　　　　(2) $x:6=5:2$

答え (1) $x=2$ 　(2) $x=15$

重要 1 次の比を簡単にしなさい。

(1) 14：35

(2) 64：24

(3) 3.2：4.8

(4) $\dfrac{2}{9} : \dfrac{5}{6}$

考え方

(1)，(2) 2 つの数の最大公約数でわります。

(3) 10 をかけます。

(4) 分数の分母の最小公倍数をかけます。

解き方 (1) 14：35＝(14÷7)：(35÷7)＝2：5   **答え** 2：5

14 と 35 の最大公約数 7 でわる

(2) 64：24＝(64÷8)：(24÷8)＝8：3   **答え** 8：3

64 と 24 の最大公約数 8 でわる

(3) 3.2：4.8＝(3.2×10)：(4.8×10)＝32：48＝2：3 **答え** 2：3

整数にするために 10 をかける

(4) $\dfrac{2}{9} : \dfrac{5}{6} = \left(\dfrac{2}{9} \times 18\right) : \left(\dfrac{5}{6} \times 18\right) = 4 : 15$ **答え** 4：15

整数にするために，分母の 9 と 6 の最小公倍数 18 をかける

重要 2 次の式の x の値を求めなさい。

$7：5＝x：15$

解き方1

$7：5＝x：15$ （×3）

15 が 5 の 3 倍になっていることから，

x も 7 の 3 倍になる。

$x＝7×3＝21$

解き方2

$7：5＝x：15$

比例式の性質より，

$5×x＝7×15$

$5x＝105$

$x＝21$ **答え** $x＝21$

重要
1 ゆうかさんは，右のレシピを使ってコーヒー牛乳を作ります。

> コーヒー牛乳
> （300mL）のレシピ
>
> コーヒー　90mL
> 牛乳　　　210mL

(1) コーヒーと牛乳の量の比を，もっとも簡単な整数の比で表しなさい。

(2) ゆうかさんの家には，牛乳が280mL あります。この牛乳をすべて使ってコーヒー牛乳を作るとき，コーヒーは何 mL 必要ですか。

解き方 (1) コーヒー 90mL，牛乳 210mL より，90：210

90 と 210 を最大公約数 30 でわって，

90：210＝（90÷30）：（210÷30）＝3：7　　　**答え** 3：7

(2) 必要なコーヒーの量を x mL とすると，(1)より，x：280＝3：7

280÷7＝40 より，280 は 7 の 40 倍になっているから，x も 3 の 40 倍になる。

$x＝3×40＝120$（mL）　　　**答え** 120mL

2 3000 円を，姉と妹の 2 人に 8：7 の比になるように分けました。姉，妹はそれぞれ何円ずつもらいましたか。

考え方

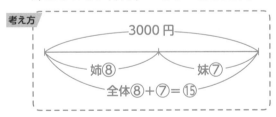

解き方 姉妹の比の合計は，8＋7＝15 で，姉の分は全体の $\frac{8}{15}$ だから，

$3000×\frac{8}{15}＝1600$（円）

妹の分は，3000－1600＝1400（円）

答え 姉… 1600 円　　妹… 1400 円

1 兄と弟の身長の比は $9:7$ で，身長の差は 32cm です。このとき，兄と弟の身長はそれぞれ何 cm ですか。

考え方 兄と弟の身長の比の差が 32cm にあたることに注目します。

解き方 兄と弟の身長の差は 32cm で，これが兄と弟の比の差の，$9-7=2$ に相当することから，比の 1 の大きさは，

$32÷2=16$(cm)

兄の身長は，$16×9=144$(cm)

弟の身長は，$16×7=112$(cm)

答え 兄… 144cm　弟… 112cm

2 りんご 1 個とみかん 1 個の値段の比は，$3:1$ です。りんご 3 個とみかん 2 個を買うと 660 円になります。りんご 1 個，みかん 1 個の値段はそれぞれ何円ですか。

解き方 りんご 1 個とみかん 1 個の値段の比は $3:1$ だから，りんご 3 個とみかん 2 個の値段の比は，$(3×3):(1×2)=9:2$

このときの合計金額が 660 円なので，りんご 3 個の金額は，

$660×\dfrac{9}{9+2}=660×\dfrac{9}{11}=540$(円)

よって，りんご 1 個の値段は，$540÷3=180$(円)

みかん 1 個の値段は，りんご 1 個の値段の $\dfrac{1}{3}$ だから，

$180×\dfrac{1}{3}=60$(円)

答え りんご… 180 円　みかん… 60 円

重要
1 次の比を簡単にしなさい。

(1)　9：54　　　　(2)　1.25：0.75　　(3)　$\dfrac{8}{15}：\dfrac{12}{25}$

重要
2 次の式の x の値を求めなさい。

(1)　24：x=6：7　(2)　x：1.5=8：5　(3)　$\dfrac{3}{5}：x$=9：10

重要
3 小麦粉と砂糖とバターを使ってクッキーを焼きます。砂糖を 40g，バターを 32g 使うとき，次の問いに答えなさい。

(1)　砂糖とバターの重さの比を，もっとも簡単な整数の比で表しなさい。

(2)　小麦粉と砂糖の重さの比が 12：5 のとき，小麦粉の重さを求めなさい。

4 縦と横の長さの比が 1：2 の長方形の土地があります。この土地のまわりの長さが 75m のとき，横の長さは何 m ですか。

5 下の㋐〜㋓の比の中から，2：3と等しいものをすべて選びなさい。

㋐ 1.6：2.4

㋑ 12：8

㋒ 32：4.8

㋓ $\dfrac{3}{5}$：$\dfrac{9}{10}$

重要
6 ある中学校の生徒の男子と女子の人数の比は5：7で，男子の人数は245人です。次の問いに答えなさい。

(1) 女子の人数は何人ですか。

(2) この中学校の生徒と先生の人数の比は，12：1です。この中学校にいる先生の人数は何人ですか。

重要
7 姉，弟，妹の年齢は，それぞれ15歳，9歳，6歳です。ある日，お父さんから，3人分のおこづかいとして5000円もらいました。3人がもらう金額が3人の年齢の比と同じ比になるように分けるとき，それぞれがもらえる金額を求めなさい。

8 2つの長方形AとBがあり，AとBの縦の長さの比は3：4，横の長さの比は8：7です。この2つの長方形の面積の比を，もっとも簡単な整数の比で答えなさい。

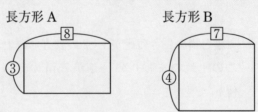

長方形A　　　　　　　　長方形B

2-4　比例，反比例

1 関数

☑チェック！

変数…いろいろな値をとる文字

関数…ともなって変わる2つの変数x，yがあり，xの値を決めると，それに対応してyの値がただ1つに決まるとき，yはxの関数であるといいます。

例1　長さ300cmのリボンを$x$cm使ったときの残りのリボンの長さ$y$cm

$x=50$のとき$y=300-50=250$，

$x=100$のとき$y=300-100=200$，など，

xの値を決めるとyの値がただ1つに決まるので，yはxの関数です。

また，このとき，yをxの式で表すと，$y=300-x$となります。

例2　ある自然数xの約数の個数y個

$x=10$のとき，10の約数は，1，2，5，10なので，$y=4$

$x=12$のとき，12の約数は，1，2，3，4，6，12なので，$y=6$，

など，

xの値を決めると，yの値がただ1つに決まるので，yはxの関数です。

ただし，この場合，yをxの式で表すことはできません。

テスト　下の⑦～㋑の中から，yがxの関数であるものをすべて選びなさい。

⑦　定形外郵便物で，送料x円で送ることのできる荷物の重さ$y$kg

㋑　1辺が$x$cmの正五角形のまわりの長さ$y$cm

㋒　xmの道のりを分速60mで歩いたときにかかる時間y分

㋓　縦が$x$cmの長方形の面積$y$cm²

答え　㋑，㋒

2 比例

比例…y が x の関数で，x と y の関係が $y=ax$（a は 0 でない定数）
　で表されるとき，y は x に比例するといい，a を比例定数と
　いいます。このとき，対応する x，y について，$\dfrac{y}{x}$ の値は一定
　で，a に等しくなります。

比例のグラフ…原点を通る直線で，$a>0$ のときは右上がり，$a<0$ の
　ときは右下がりになります。

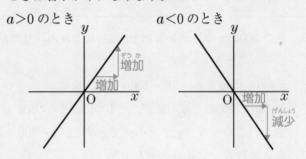

例1　比例の式の求め方

　1組の x，y の値がわかれば，比例の式を求めることができます。
y が x に比例し，$x=2$ のとき $y=-6$ です。このとき，x と y の関
係を表す式は，

　$y=ax$ に，　　　　　　　　←求める式を $y=ax$ とおく

　$x=2$，$y=-6$ を代入して，　←x，y の値を代入する

　$-6=a\times2$

　　$a=-3$　　　　　　　　　←a の値を求める

　よって，$y=-3x$　　　　　←a の値を $y=ax$ に代入する

テスト　y が x に比例し，$x=-2$ のとき $y=-8$ です。このとき，比例定
　数を求めなさい。

答え　4

3 反比例

反比例…y が x の関数で，x と y の関係が $y=\dfrac{a}{x}$（a は 0 でない定数）

で表されるとき，y は x に反比例するといい，a を比例定数

といいます。このとき，対応する x，y について，xy の値

は一定で，a に等しくなります。

反比例のグラフ…双曲線といい，なめらかな 1 組の曲線になります。

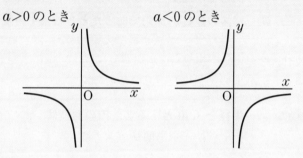

$a>0$ のとき　　　　　　$a<0$ のとき

例1　反比例の式の求め方

　　1 組の x，y の値がわかれば，反比例の式を求めることができます。

y が x に反比例し，$x=4$ のとき $y=-3$ です。このとき，x と y の

関係を表す式は，

$y=\dfrac{a}{x}$ に，　　　　　　　　←求める式を $y=\dfrac{a}{x}$ とおく

$x=4$，$y=-3$ を代入して，　←x，y の値を代入する

$-3=\dfrac{a}{4}$

$a=-12$　　　　　　　　　←a の値を求める

よって，$y=-\dfrac{12}{x}$　　　　　←a の値を $y=\dfrac{a}{x}$ に代入する

テスト　y が x に反比例し，$x=-3$ のとき $y=-2$ です。このとき，比例

定数を求めなさい。

答え　6

重要
1 下の㋐〜㋺で，y が x の関数であるものには○を，そうではないものには×をつけなさい。

㋐ 半径 $x$cm の円の面積 $y$cm^2

㋑ 約数の個数が x 個の整数 y

㋒ 身長が $x$cm の人の体重 $y$kg

㋓ ある 1 年間で，雨が降った日 x 日と，降らなかった日 y 日

㋔ バスの運賃が x 円であったときの乗車距離 ym

ポイント x の値を決めると，y の値もただ 1 つに決まるものは，y が x の関数になっているものです。

解き方 ㋐…半径を 3cm とすると，円の面積は，$\pi \times 3^2 = 9\pi\ (\text{cm}^2)$ に決まるので，y は x の関数である。

㋑… $x=1$ のとき $y=1$，

$x=2$ のとき $y=2$，3，5，など，

x の値を決めたとき，y の値が 1 つに決まるとは限らないので，y は x の関数ではない。

㋒…身長が 150cm の人と決めても，体重は人によってちがうので，y は x の関数ではない。

㋓…ある 1 年を 365 日として，雨が降った日を 150 日とすると，降らなかった日は，$365-150=215$（日）と決まるので，y は x の関数である。

㋔…バスの運賃を 170 円と決めても，乗車距離はただ 1 つに決まらないので，y は x の関数ではない。

答え ㋐…○ ㋑…× ㋒…× ㋓…○ ㋔…×

2 比例，反比例について，次の問いに答えなさい。

(1) y が x に比例し，$x=4$ のとき $y=-8$ です。$x=-3$ のときの y の値を求めなさい。

(2) y が x に反比例し，$x=-3$ のとき $y=6$ です。$x=2$ のときの y の値を求めなさい。

考え方
① y が x に比例するとき，$y=ax$ と表されます。

y が x に反比例するとき，$y=\dfrac{a}{x}$ と表されます。

②その式に x と y の値を代入して比例定数 a を求めます。

③ x と y の関係を表す式をつくります。

④与えられた x または y の値を代入して，対応する値を求めます。

解き方 (1) y は x に比例するので，$y=ax$ とおく。

$y=ax$ に $x=4$，$y=-8$ を代入して，

$-8=a\times4$

$a=-2$

よって，x と y の関係を表す式は，$y=-2x$ となるので，

これに $x=-3$ を代入して，$y=-2\times(-3)=6$

答え $y=6$

(2) y は x に反比例するので，$y=\dfrac{a}{x}$ とおく。

$y=\dfrac{a}{x}$ に $x=-3$，$y=6$ を代入して，

$6=-\dfrac{a}{3}$

$a=-18$

よって，x と y の関係を表す式は，$y=-\dfrac{18}{x}$ となるので，

これに $x=2$ を代入して，$y=-\dfrac{18}{2}=-9$

答え $y=-9$

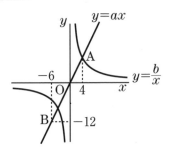

右の図のように，関数 $y=ax$ と関数

$y=\dfrac{b}{x}$ のグラフが点 A で交わっており，

点 B は関数 $y=ax$ のグラフ上の点です。

また，点 A の x 座標は 4 で，点 B の座

標は $(-6,\ -12)$ です。

(1) a の値を求めなさい。

(2) 点 A の座標を求めなさい。

(3) b の値を求めなさい。

考え方 (1)関数 $y=ax$ のグラフは点 B を通るので，点 B の座標の値を代

　　入して a の値を求めます。

(2)点 A が関数 $y=2x$ のグラフ上にあることから，点 A の x 座

　　標を代入して y 座標を求めます。

(3)関数 $y=\dfrac{b}{x}$ のグラフは点 A を通るので，点 A の座標の値を代入

　　して b の値を求めます。

解き方 (1) 関数 $y=ax$ のグラフは点 B を通るので，$y=ax$ に $x=-6$，

　　$y=-12$ を代入して，$-12=a\times(-6)$ より，　$a=2$

答え $a=2$

(2) 点 A が関数 $y=2x$ のグラフ上にあることから，点 A の x 座

　　標 $x=4$ を代入すると，点 A の y 座標は，$y=2\times4=8$

答え $(4,\ 8)$

(3) 関数 $y=\dfrac{b}{x}$ のグラフは点 A を通るので，$y=\dfrac{b}{x}$ に $x=4$，$y=8$

　　を代入して，$8=\dfrac{b}{4}$ より，$b=32$

答え $b=32$

1 歯数 32 の歯車 A と，歯数 20 の歯車 B がかみ合って回っています。歯車 A が x 回転するときに，歯車 B が y 回転するときの x と y の関係を，下の表に表しました。

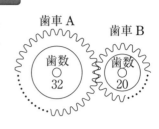

歯車 A　歯車 B　歯数○32　歯数○20

x	…	5	…	㋑	…	16	…
y	…	㋐	…	16	…	㋒	…

(1) 表の㋐，㋑，㋒にあてはまる数を答えなさい。

(2) x と y の関係を式で表しなさい。

(3) 歯車 B が 12 回転するとき，歯車 A は何回転しますか。

解き方 (1) ㋐…歯車 A が 5 回転する間に歯は，$32 \times 5 = 160$ 動く。歯車 B の歯も 160 動くので，$y = 160 \div 20 = 8$

㋑…歯車 B が 16 回転する間に歯は，$20 \times 16 = 320$ 動く。歯車 A の歯も 320 動くので，$x = 320 \div 32 = 10$

㋒…歯車 A が 16 回転する間に歯は，$32 \times 16 = 512$ 動く。歯車 B の歯も 512 動くので，$y = 512 \div 20 = 25.6$

答え ㋐… 8　㋑… 10　㋒… 25.6

(2) 歯車 A が x 回転する間に歯は，$32 \times x = 32x$ 動く。

歯車 B が y 回転する間に歯は，$20 \times y = 20y$ 動く。

歯車 A，B の動く歯の数は等しいので，$32x = 20y$

よって，$y = \dfrac{8}{5}x$　　　　**答え** $y = \dfrac{8}{5}x$

(3) $y = \dfrac{8}{5}x$ について，$y = 12$ のときの x の値を求めればよい。

$y = \dfrac{8}{5}$ に $y = 12$ を代入して，$12 = \dfrac{8}{5}x$ より，$x = 7.5$

答え 7.5 回転

2 あおいさんの学校で
は，学習発表会で使用
するため1年生と2年
生全員に1人1冊ずつノートを配ります。あおいさんは，学校の倉庫
から同じノートをたくさん出してきました。あおいさんはノートが何
冊あるかを数えないで求めようとしています。

(1) あおいさんが調べたところ，ノート1冊の厚さは0.4cmでした。x
冊のノートを積んだときの高さを$y$cmとして，xとyの関係を式で
表しなさい。

(2) 1年生の生徒数は97人です。1年生全員に配るノートを積んだとき
の高さは，何cmになりますか。

(3) あおいさんが調べたところ，1年生に配ったあとに残ったノートを
積んだときの高さは41.6cmでした。2年生の生徒数が110人のとき，
残ったノートを2年生全員に配ることはできますか。できる場合は何
冊あまるか，できない場合は何冊たりないかを求めなさい。

解き方 (1) （ノート1冊の厚さ）×（冊数）＝（積んだときの高さ）となるから，
0.4×x＝yとなる。よって，y＝0.4x

答え y＝0.4x

(2) 1年生は97人だから，y＝0.4xについて，x＝97のときのy
の値を求めればよい。

y＝0.4xにx＝97を代入して，

y＝0.4×97＝38.8(cm)

答え 38.8cm

(3) 2年生は110人だから，y＝0.4xについて，x＝110のときのy
の値を求めると，

y＝0.4×110＝44(cm)

残ったノートを積んだ高さは41.6cmなので，厚さ44−41.6
＝2.4(cm)分のノートがたりない。ノート1冊の厚さは0.4cm
なので，たりない冊数は，

2.4÷0.4＝6(冊)

答え 6冊たりない

重要
1　下の⑦～㋔で，y が x に比例するものには「比例」，反比例するものには「反比例」，どちらでもないものには×をつけなさい。

⑦　正六角形の 1 辺の長さ $x$cm とまわりの長さ $y$cm

④　面積が 60cm^2 のひし形の 2 本の対角線の長さ $x$cm と $y$cm

㋒　1000mL のジュースを兄弟 2 人で分けて飲んだときの，兄の飲んだ量 xmL と弟の飲んだ量 ymL

㋓　50L 入る水槽に 1 分間に xL ずつ水を入れたときの，水槽がいっぱいになるまでにかかる時間 y 分

㋔　底辺 18cm，高さ $x$cm の三角形の面積 $y$cm^2

重要
2　下の表は，ある宅配便の料金表です。この表で，荷物の重さを $x$kg，宅配料金を y 円としたときの x と y の関係について，次の⑦～㋓の中から正しいものを 1 つ選びなさい。

重さ	5kg まで	10kg まで	15kg まで	20kg まで	25kg まで	30kg まで	35kg まで	40kg まで
料金	800 円	1100 円	1400 円	1700 円	2000 円	2300 円	2600 円	2900 円

⑦　y は x に比例する。

④　y は x に反比例する。

㋒　y は x の関数であるが，比例でも反比例でもない。

㋓　y は x の関数ではない。

3 比例，反比例について，次の問いに答えなさい。

(1) y は x に比例し，$x=3$ のとき $y=9$ です。このときの x と y の関係を式で表しなさい。

(2) y は x に反比例し，$x=5$ のとき $y=-3$ です。$x=-2$ のときの y の値を求めなさい。

(3) y は x に比例し，そのグラフ上に点$(3，24)$と点$(p，-16)$があるとき，p の値を求めなさい。

(4) 次の表は，y が x に反比例する関係を表したものです。表の⑦の欄にあてはまる数を求めなさい。

x	…	-4	…	⑦	…
y	…	12	…	-10	…

 右の図のように，関数 $y=\dfrac{a}{x}$ と関数 $y=bx$ のグラフが2点 A，B で交わっています。点 A の座標が $(6，-4)$，点 B の y 座標が4のとき，次の問いに答えなさい。

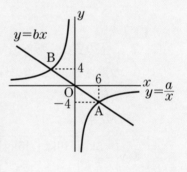

(1) a の値を求めなさい。

(2) b の値を求めなさい。

(3) 点 B の座標を求めなさい。

第3章

図形に
関する問題

三角形，四角形

1 三角形と四角形の角

☑チェック！

三角形の3つの角の大きさの和は 180° です。

四角形の4つの角の大きさの和は 360° です。

例1 右の図の三角形で，∠A の大きさは，

180°−(45°+60°)=75°

です。

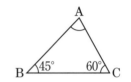

例2 正三角形は3つの角の大きさが等しいので，1つの角の大きさは，

180°÷3=60° です。

例3 右の図の三角形で，∠ACB の大きさは，

180°−110°=70°

です。∠ABC の大きさは，

180°−(65°+70°)=45°

です。

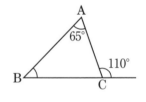

例4 右の図の四角形で，∠C の大きさは，

360°−(130°+66°+85°)=79°

です。

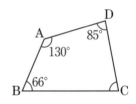

テスト 右の図の四角形で，∠ADE の大きさ
は何度ですか。

答え 100°

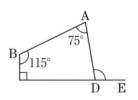

2 三角形と四角形の面積

☑チェック！

> 平行四辺形の面積＝底辺×高さ

例1 右の図の平行四辺形で，9cm の辺を
底辺とすると，高さは 6cm です。
面積は，9×6＝54（cm²）です。

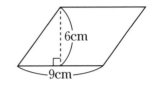

テスト 右の図の平行四辺形の面積は何 cm² ですか。

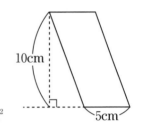

答え 50cm²

☑チェック！

> 三角形の面積＝底辺×高さ÷2

例1 右の図の三角形で，6cm の辺を
底辺とすると，高さは 4cm です。
面積は，6×4÷2＝12（cm²）です。

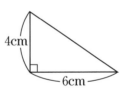

例2 右の図の三角形で，16cm の辺を
底辺とすると，高さは 8cm です。
面積は，16×8÷2＝64（cm²）です。

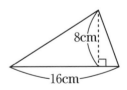

テスト 右の図の三角形の面積は何 cm² ですか。

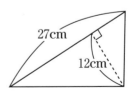

答え 162cm²

3-1 三角形，四角形 91

台形の面積＝（上底＋下底）×高さ÷2

例1　右の図の台形は，上底と下底の長さが
　　　3cm と 7cm，高さが4cm です。
　　　　面積は，（3＋7）×4÷2＝20（cm²）です。

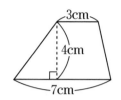

テスト　右の図の台形の面積は何 cm² ですか。

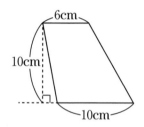

答え　80cm²

ひし形の面積＝対角線×対角線÷2

例1　右の図のひし形は，2本の対角線の
　　　長さが8cm と 11cm です。
　　　　面積は，8×11÷2＝44（cm²）です。

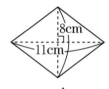

例2　右の図のひし形は，2本の対角線の
　　　長さが10cm と 6cm です。
　　　　面積は，10×6÷2＝30（cm²）です。

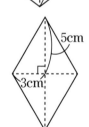

テスト　右の図のひし形の面積は何 cm² ですか。

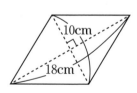

答え　90cm²

基本問題

重要 1 次の図の∠xの大きさは何度ですか。

(1)　　　　　　　　　(2)　AB＝AC　　　　(3)

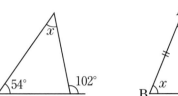

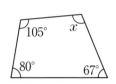

解き方 (1)　$180°-102°=78°$

　　　三角形の3つの角の大きさの和は$180°$だから,

　　　$∠x=180°-(54°+78°)=48°$　**答え** $∠x=48°$

　　(2)　AB＝ACより, ∠B＝∠C

　　　$∠x=(180°-46°)÷2=67°$　**答え** $∠x=67°$

　　(3)　四角形の4つの角の大きさの和は$360°$だから,

　　　$∠x=360°-(105°+80°+67°)=108°$　**答え** $∠x=108°$

重要 2 次の図形の面積は何cm²ですか。

(1)　平行四辺形　(2)　三角形　　　(3)　台形　　　　(4)　ひし形

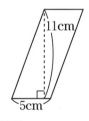

解き方 (1)　$5×11=55(\text{cm}^2)$　　　　　　　**答え** 55cm^2

　　(2)　$12×7÷2=42(\text{cm}^2)$　　　　　　**答え** 42cm^2

　　(3)　$(5+8)×6÷2=39(\text{cm}^2)$　　　　**答え** 39cm^2

　　(4)　$18×16÷2=144(\text{cm}^2)$　　　　**答え** 144cm^2

重要 1 次の図の∠x，∠y の大きさは何度ですか。

(1)

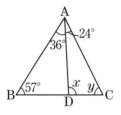

(2)

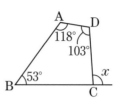

解き方 (1)　∠ADB＝180°−(36°＋57°)＝87°より，

∠x＝180°−87°＝93°

∠y＝180°−(24°＋93°)＝63°

答え ∠x＝93°　∠y＝63°

(2)　∠BCD＝360°−(118°＋53°＋103°)＝86°より，

∠x＝180°−86°＝94°

答え ∠x＝94°

重要 2 次の図形の面積は何 cm² ですか。

(1) 五角形

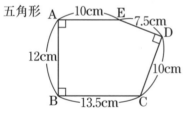

(2) 正方形

考え方 (1)面積を求めることができる形に分けて求めます。

(2)2本の対角線の長さが 8cm のひし形として求めます。

解き方 (1)　点 E と点 C を結んで，台形 ABCE と△ECD に分ける。

(10＋13.5)×12÷2＋7.5×10÷2＝178.5(cm²)

答え 178.5cm²

(2)　ひし形として考えると，ひし形の面積＝対角線×対角線÷2 で

求めることができる。

8×8÷2＝32(cm²)

答え 32cm²

・発展問題・

重要
1 右の図のように，四角形 ABCD の内部に AE＝BE＝CE＝DE を満たすような点 E をとり，点 E とそれぞれの頂点を線分で結びます。∠x，∠y の大きさは何度ですか。

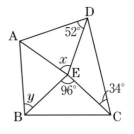

考え方 図の中で二等辺三角形を探します。

解き方 △AED は EA＝ED の二等辺三角形だから，

∠EAD＝∠EDA＝52° より， ∠x＝180°－52°×2＝76°

同様に，△ECD も二等辺三角形だから，

∠EDC＝∠ECD＝34° より， ∠CED＝180°－34°×2＝112°

∠AEB＝360°－(76°＋112°＋96°)＝76°

△ABE も二等辺三角形だから， ∠y＝(180°－76°)÷2＝52°

答え ∠x＝76° ∠y＝52°

2 右の図のひし形 ABCD において，□にあてはまる数を求めなさい。

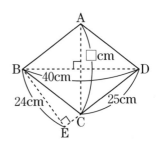

考え方 ひし形は平行四辺形と考えることができます。

解き方 このひし形を，底辺を CD，高さを BE とする平行四辺形とみると，

面積は，25×24＝600(cm²)

また，ひし形とみると，面積は，40×□÷2 と表せるので，

40×□÷2＝600 より，□＝600×2÷40＝30

答え 30

1 次の図の∠*x*，∠*y* の大きさは何度ですか。

(1)

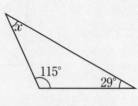

(2) AB＝AC

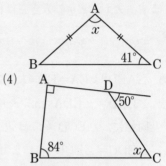

(3)

(4)

(5)

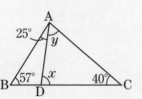

(6) AB＝BD＝DC

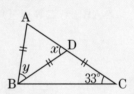

2 次の図形の面積は何 cm² ですか。

(1) 三角形

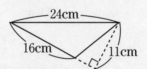

(2) 平行四辺形

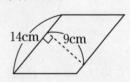

(3) 台形

(4) ひし形

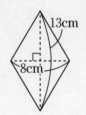

(1)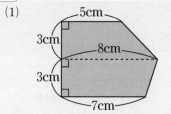

(2)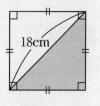

(3)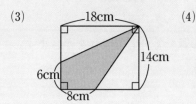

(4)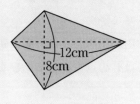

(5)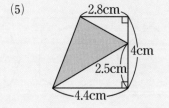

(6)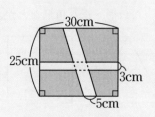

4 次の図形において，x の値を求めなさい。

(1) △ABC の面積は 48cm^2　　(2) 台形 ABCD の面積は 36cm^2

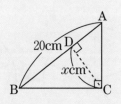

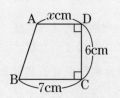

第**3**章

図形に関する問題

3-2 正多角形と円

1 正多角形

☑チェック！

多角形…三角形，四角形のように，直線で囲(かこ)まれた図形

正多角形…辺の長さがすべて等しく，角の大きさもすべて等しい多角形

正多角形のかき方

・円の中心のまわりを，辺の数で等分して半径をかきます。

・はしの点を直線で結びます。

例1 正多角形には，下の図のように，正三角形，正方形，正五角形，正六角形，正八角形などがあります。

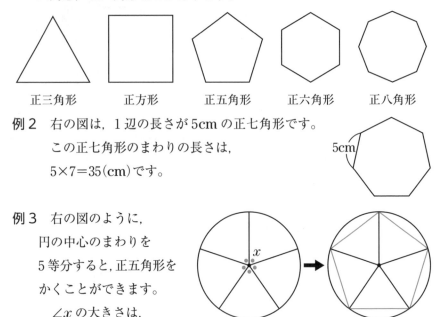

正三角形　　正方形　　正五角形　　正六角形　　正八角形

例2 右の図は，1辺の長さが5cm の正七角形です。
　　この正七角形のまわりの長さは，
　　5×7＝35(cm)です。

5cm

例3 右の図のように，
　　円の中心のまわりを
　　5等分すると，正五角形を
　　かくことができます。
　　　∠x の大きさは，
　　360°÷5＝72°です。

x

2 円のまわりの長さ

円周…円のまわり
円周率…円周の長さが直径の長さの何倍になっているかを表す数

円周＝直径×円周率

円周率＝円周÷直径

円周率は，くわしく求めると，3.14159…となりますが，

ここでは 3.14 を使います。

円周＝直径×3.14

円周÷直径＝3.14

例1　右の図のような，直径が8cmの円の円周の長さ
　　　は，円周＝直径×円周率から，

　　　　8×3.14＝25.12(cm)

　　　となります。

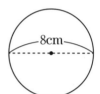

例2　右の図のような，半径が5cmの円の円周の長さは，
　　　直径が，5×2＝10(cm)だから，

　　　　10×3.14＝31.4(cm)

　　　となります。

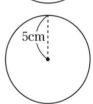

例3　円周の長さが12.56cmの円の直径は，直径＝円周÷円周率から，

　　　　12.56÷3.14＝4(cm)

　　　となります。

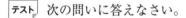

テスト　次の問いに答えなさい。

(1)　直径が5cmの円の円周の長さは何cmですか。

(2)　半径が3.5cmの円の円周の長さは何cmですか。

(3)　円周の長さが9.42cmの円の半径は何cmですか。

答え　(1)　15.7cm　　(2)　21.98cm　　(3)　1.5cm

第3章 図形に関する問題

3 円の面積

円の面積＝半径×半径×円周率

右の図のように，円を等分して
並べた形は長方形に近づくと考
えられます。横の長さは円周の
半分で，縦の長さは円の半径で
す。

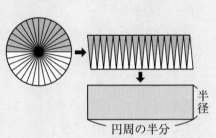

円周の半分の長さは，「直径×円周率÷2」で求められるので，円の面積
は，長方形の面積を求めると考えて，次のように求めることができます。

円の面積＝半径×直径×円周率÷2　　←縦×横

　　　　＝半径×直径÷2×円周率

　　　　＝半径×半径×円周率　　　←直径÷2＝半径

例1　右の図のような，半径が3cmの円の面積は，

　　　円の面積＝半径×半径×円周率から，

　　　　3×3×3.14＝28.26(cm²)

　　　となります。

例2　右の図のような，直径が12cmの円の面積は，

　　　半径＝12÷2＝6(cm)，

　　　円の面積＝半径×半径×円周率から，

　　　　6×6×3.14＝113.04(cm²)

　　　となります。

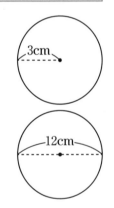

テスト　次の円の面積を求めなさい。

(1) 半径が4cmの円　　　　(2) 半径が7cmの円

(3) 直径が10cmの円　　　(4) 直径が18cmの円

答え　(1)　50.24cm²　　(2)　153.86cm²

　　　(3)　78.5cm²　　(4)　254.34cm²

重要

1 右の図のように，半径が8cmの円の中心Oの
まわりを6等分して，正六角形をかきました。

(1) ∠x，∠y，∠zの大きさは何度ですか。

(2) 円周の長さは何cmですか。

(3) 円の面積は何cm²ですか。

解き方 (1) $\angle x = 360° \div 6 = 60°$

△OABはOA＝OBの二等辺三角形だから，

$\angle y = (180° - 60°) \div 2 = 60°$

$\angle ABO = \angle OBC = 60°$より，$\angle z = 60° \times 2 = 120°$

答え $\angle x = 60°$　$\angle y = 60°$　$\angle z = 120°$

(2) 直径は，$8 \times 2 = 16(cm)$だから，円周＝直径×円周率より，

$16 \times 3.14 = 50.24(cm)$　　　　**答え** 50.24cm

(3) 円の面積＝半径×半径×円周率から，

$8 \times 8 \times 3.14 = 200.96(cm^2)$　　　**答え** 200.96cm²

2 右の図は，ある島の地図です。この島の形を半径
5.2kmの円とみると，島のおよその面積は何km²
ですか。答えは，小数第2位を四捨五入して求めな
さい。

5.2km

考え方 複雑な図形の面積は，できるだけ近い形で公式で求められる図形
にしておよその面積として求めます。

解き方 $5.2 \times 5.2 \times 3.14 = 84.9056(km^2)$だから，

小数第2位を四捨五入して84.9km²　　　**答え** 84.9km²

重要
1 次の図形の色を塗った部分のまわりの長さと面積を求めなさい。

(1) 大きい半円の中に小さい
半円をかいた形

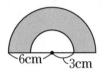

(2) 円を4等分した形の中
に半円をかいた形

考え方 円全体の何等分になるか考えます。
まわりの長さは直線部分も含むことに注意します。

解き方 (1) 大きい半円の円周部分は，$6 \times 2 \times 3.14 \div 2 = 18.84$(cm)，
小さい半円の円周部分は，$3 \times 2 \times 3.14 \div 2 = 9.42$(cm)，
また，直線部分は，$(6-3) \times 2 = 6$(cm)だから，
まわりの長さは，$18.84 + 9.42 + 6 = 34.26$(cm)

答え まわりの長さ… 34.26cm　面積… 42.39cm^2

(2) 4等分した円の円周部分は，$10 \times 2 \times 3.14 \div 4 = 15.7$(cm)，
半円の円周部分は，$10 \times 3.14 \div 2 = 15.7$(cm)，
また，直線部分は10cmだから，
まわりの長さは，$15.7 + 15.7 + 10 = 41.4$(cm)
面積は，$(10 \times 10 \times 3.14 \div 4) - (5 \times 5 \times 3.14 \div 2) = 39.25$(cm^2)

答え まわりの長さ… 41.4cm　面積… 39.25cm^2

2 円周の長さが37.68cmの円の直径と面積を求めなさい。

解き方 円周の長さが37.68cmだから，直径は，$37.68 \div 3.14 = 12$(cm)，
半径は，$12 \div 2 = 6$(cm)だから，
面積は，$6 \times 6 \times 3.14 = 113.04$(cm^2)

答え 直径… 12cm　面積… 113.04cm^2

・発展問題・

重要
1 次の図形の色を塗った部分のまわりの長さと面積を求めなさい。

(1) 同じ大きさの円4つを
組み合わせた形

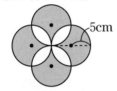

(2) 直角三角形とその3辺を直径とする
3つの半円を組み合わせた形

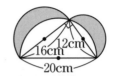

解き方 (1) まわりの長さは，直径10cmの円の
円周の長さの4つ分だから，

$$10×3.14×4＝125.6(cm)$$

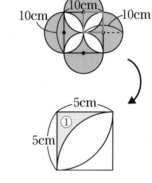

右の図の①の面積は，1辺5cmの
正方形の面積から半径5cmの円の面
積の$\frac{1}{4}$をひいたものに等しいから，

$$5×5－5×5×3.14÷4＝5.375(cm^2)$$

したがって，求める面積は，

①の部分8つと半径5cmの半円4つをたして，

$$5.375×8＋5×5×3.14÷2×4＝200(cm^2)$$

答え まわりの長さ… 125.6cm　面積… 200cm²

(2) まわりの長さは，直径20cmの円，直径16cmの円，直径12cm
の円の円周の半分の長さの和だから，

$$20×3.14÷2＋16×3.14÷2＋12×3.14÷2＝75.36(cm)$$

面積は，直径16cmの半円と直径12cmの半円と直角三角形を
たしたものから，直径20cmの半円の面積をひいて求める。

よって，求める面積は，

$$8×8×3.14÷2＋6×6×3.14÷2＋16×12÷2－10×10×3.14÷2$$
$$＝96(cm^2)$$

答え まわりの長さ… 75.36cm　面積… 96cm²

重要
1 右の図の正十二角形について，次の
問いに答えなさい。

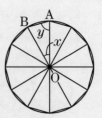

(1) ∠x の大きさは何度ですか。

(2) ∠y の大きさは何度ですか。

2 車輪の直径が 56cm の一輪車は，車輪が 10 回転する
と何 m 進みますか。答えは，小数第 1 位を四捨五入して
求めなさい。ただし，円周率は 3.14 とします。

重要
3 次の図形の色を塗った部分のまわりの長さと面積を求
めなさい。ただし，円周率は 3.14 とします。

(1) 正方形の中に 4 等分した 　　(2) 大きな半円と大きさの異なる
　　円を 2 つかいた形　　　　　　　　3 つの半円を組み合わせた形

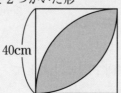

40cm

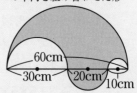

60cm
30cm　20cm　10cm

4 右の図のように，直径 10cm の円の
中に正方形がぴったりと入っています。
色を塗った部分の面積は何 cm² です
か。ただし，円周率は 3.14 とします。

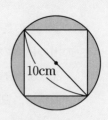

10cm

3-3 合同な図形

☑チェック！

合同…ぴったり重ね合わせることのできる2つの図形は合同であると
いいます。合同な図形は，形も大きさも同じです。

対応…合同な図形で，重なり合う頂点，辺，角を，それぞれ
対応する頂点，対応する辺，対応する角といいます。

合同な図形の性質…対応する辺の長さは等しく，対応する角の大きさ
も等しくなっています。

例1 右の図の△ABCと△DEFは合同
です。

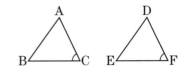

点Aに対応する点は点D，辺BC
に対応する辺は辺EF，∠Cに対応す
る角は∠Fです。また，辺ABと辺DEは長さが等しく，∠Bと∠E
は大きさが等しいです。

例2 右の図の四角形ABCDと四角形
EFGHは合同です。

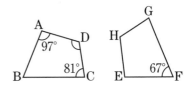

点Bに対応する点は点Fだから，
∠B=67°です。

また，∠D=360°−(97°+81°+67°)=115°です。

テスト 右の図の△ABCと△DEFは合
同です。

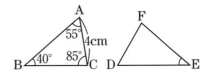

(1) 辺DFの長さは何cmですか。

(2) ∠Eの大きさは何度ですか。

答え (1) 4cm (2) 40°

重要 1 ⑦の三角形と合同な三角形を，下の①から⑫までの図の中からすべて選びなさい。

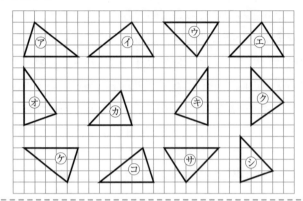

考え方 ます目を利用して，辺の長さがそれぞれ等しいものを探します。

解き方 辺の長さがそれぞれ等しい図形を選ぶ。

答え ⑦, ④, ⑨, ⑩

重要 2 右の図の2つの四角形は合同です。

(1) 点 A に対応する点はどれですか。

(2) 辺 BC に対応する辺はどれですか。

(3) ∠D に対応する角はどれですか。

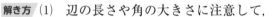

解き方 (1) 辺の長さや角の大きさに注意して，

点 A，B，C，D に対応する点を考えると，それぞれ点 G，H，

E，F とわかる。 答え 点 G

(2) 点 B に対応する点は H，点 C に対応する点は E だから，辺

BC に対応する辺は辺 HE 答え 辺 HE

(3) 点 D に対応する点は F だから，∠D に対応する角は∠F

答え ∠F

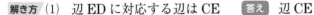

応用問題

重要 1 右の図の四角形 ABCD は台形です。△AED と△BCE は合同です。

(1) 辺 ED と長さが等しい辺はどれですか。

(2) 辺 BC の長さは何 cm ですか。

(3) 台形 ABCD の面積は何 cm² ですか。

解き方 (1) 辺 ED に対応する辺は CE　**答え** 辺 CE

(2) 辺 BC に対応する辺は AE だから，辺 BC の長さは 6cm

答え 6cm

(3) 辺 BE に対応する辺は AD だから，辺 BE の長さは 4cm

よって，台形 ABCD は，上底 4cm，下底 6cm，高さ 10cm とわかるから，その面積は，(4+6)×10÷2=50(cm²)

答え 50cm²

2 下の①～④のうち，2つの図形がいつも合同であるといえるものには○を，そうとは限らないものには×を書きなさい。

① 等しい2辺の長さが 5cm の2つの二等辺三角形

② 1辺の長さが 8cm の2つの正方形

③ 半径 4cm の2つの円

④ 3つの角が，30°，60°，90°の2つの直角三角形

考え方 いつも形と大きさが同じになるかを考えます。

解き方 下の図のように，①は角の大きさによっては違う形になり，④は辺の長さによっては違う大きさになる。

 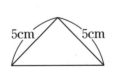

答え ①…×　②…○　③…○　④…×

第3章 図形に関する問題

3-3 合同な図形　107

重要 1 図1のような台形 ABCD で，辺を それぞれ延長すると新たな角が4つで きます。また，台形 ABCD は，たと えば，図2のように平面をしきつめる ことができます。このとき，$\angle a$， $\angle b$，$\angle c$，$\angle d$ の大きさの和は何度 ですか。

図1

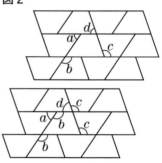

図2

解き方 右の図のように，$\angle b$ と $\angle c$ を移動 して考える。

$\angle a$ と $\angle b$ の和は直線だから $180°$

$\angle c$ と $\angle d$ の和は直線だから $180°$

よって，$180° + 180° = 360°$

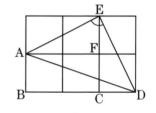

答え $360°$

2 右の図は，同じ大きさの正方形を6個並 べたものに線分をかき入れたものです。

(1) $\angle$AEF と $\angle$DEC の大きさの和は何度 ですか。

(2) $\triangle$AED はどのような三角形ですか。

考え方
合同な2つの三角形を探します。

解き方 (1) $\triangle$EAF と $\triangle$DEC は合同だから，$\angle$EAF $= \angle$DEC

$\angle$AEF $+ \angle$DEC $= \angle$AEF $+ \angle$EAF $= 180° - \angle$EFA

$= 180° - 90° = 90°$

答え $90°$

(2) $\triangle$EAF と $\triangle$DEC は合同だから，EA $=$ DE で，(1)より，$\angle$AED $= 90°$だから，$\triangle$AED は直角二等辺三角形

答え 直角二等辺三角形

・練習問題・

1 右の図のように，平行四辺形 ABCD に，対角線 BD を引いて 2 つの三角形に分けると，△ABD と△CDB は合同になります。次の問いに答えなさい。

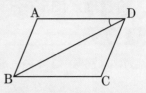

(1) 点 A に対応する点はどれですか。

(2) 辺 BC に対応する辺はどれですか。

(3) ∠ADB に対応する角はどれですか。

2 次の 2 つの図形がいつも合同であるといえるものには○を，そうとは限らないものには×を書きなさい。

① 2 本の対角線の長さが 4cm と 7cm の 2 つのひし形

② 2 辺の長さが 6cm と 8cm の 2 つの直角三角形

③ 1 辺の長さが 3cm の 2 つの正三角形

④ 上底が 6cm，下底が 9cm，高さが 7cm の 2 つの台形

重要
3 右の図で，四角形ABCDは正方形です。また，△AEH, △BFE, △CGF, △DHG はすべて合同です。次の問いに答えなさい。

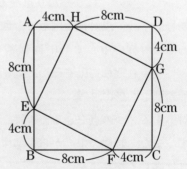

(1) ∠AEH と大きさが等しい角を，すべて答えなさい。

(2) ∠AEH と∠BEF の大きさの和は何度ですか。

(3) 四角形 EFGH はどのような四角形ですか。

3-4 対称な図形

1 線対称な図形

☑ チェック!

線対称な図形…1本の直線を折り目にして折ったとき,折り目の両側
がぴったり重なる図形

対称の軸…線対称な図形で,折り目にした直線

対応…対称の軸で折ったとき,重なり合う点,辺,角をそれぞれ対応
する点,対応する辺,対応する角といいます。

線対称な図形の性質…

対応する2つの点を通る直線は,対称の軸と垂直に交わ
ります。また,その交わる点から対応する2つの点まで
の長さは等しくなります。

対称の軸

2 点対称な図形

☑ チェック!

点対称な図形…1つの点のまわりに180°回転させたとき,もとの形
にぴったり重なる図形

対称の中心…点対称な図形で,回転の中心にした点

対応…対称の中心で180°回転させたとき,重なり合う点,辺,角を
それぞれ対応する点,対応する辺,対応する角といいます。

点対称な図形の性質…

対応する2つの点を通る直線は,対称の中心を通りま
す。また,対称の中心から対応する2つの点までの長
さは等しくなります。

対称の中心

基本問題

重要 1 次の図形は，線対称な図形です。対称の軸は何本ありますか。

(1) 長方形 　　　(2) 正三角形 　　　(3) ひし形

解き方

(1) 　　　　　　(2) 　　　　　　(3)

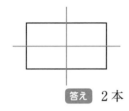　　　　

答え 2本 　　**答え** 3本 　　**答え** 2本

重要 2 右の図は，点 O を対称の中心とする点対称な図形です。

(1) 点 A に対応する点はどれですか。

(2) 辺 BC に対応する辺はどれですか。

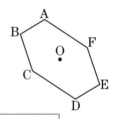

> **ポイント** 対応する 2 つの点を通る直線は，対称の中心を通ります。

解き方 (1) 点 A に対応する点は点 D である。　　　　**答え** 点 D

(2) 点 B に対応する点は点 E，点 C に対応する点は点 F なので，辺 BC に対応する辺は辺 EF である。

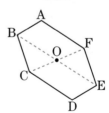

答え 辺 EF

第3章 図形に関する問題

重要
1 右の図は，線対称な図形です。

(1) 点Bと点Gを結んだ直線BGを対称の軸とするとき，点Dに対応する点はどれですか。

(2) 辺ABと辺GFが対応するとき，対称の軸となる直線はどれですか。

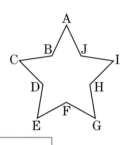

ポイント (2)線対称な図形では，対応する2つの点を通る直線は，対称の軸と垂直に交わります。

解き方 (1)
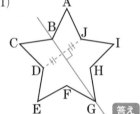
答え 点J

(2)
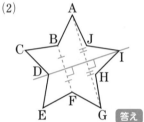
答え 直線DI

2 右の図は，点対称な図形です。
(1) 対称の中心Oを，定規だけを使って作図しなさい。

(2) 点Fに対応する点はどれですか。

ポイント (1)点対称な図形では，対応する2つの点を通る直線は，対称の中心を通ります。

解き方 (1) 対応する2点を通る直線を2本ひいて対称の中心を求める。

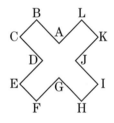

答え

(2) 点Fに対応する点は，L

答え 点L

1 右の図のような△ABCにおいて，辺AC
の中点をDとします。

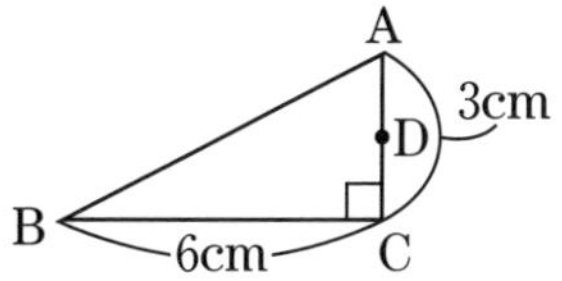

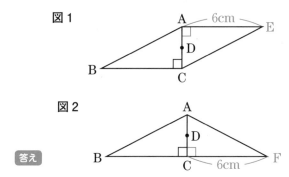

(1) もとの図形に線分をかきたして，次の
ような図形をかきなさい。

　① 点Dを対称の中心とする点対称な四角形

　② 辺ACを対称の軸とする線対称な三角形

(2) (1)の①，②の図形の面積は何cm²ですか。

解き方 (1) ① 下の図1の四角形ABCEのような平行四辺形になる。

　② 下の図2の△ABFのような，AB＝AFの二等辺三角形に

　なる。

図1

図2

答え

(2) ①の四角形は，底辺が6cm，高さが3cmの平行四辺形だから，
その面積は，

$$6×3＝18 (cm^2)$$

②の三角形は，底辺が6×2＝12 (cm)，高さが3cmの三角形
だから，その面積は，

$$12×3÷2＝18 (cm^2)$$ 　**答え** ①…18cm² ②…18cm²

1 次の⑦〜⑰の図形の中から，線対称な図形でもあり，点対称な図形でもあるものをすべて選びなさい。

⑦ 直角二等辺三角形　　④ 平行四辺形　　⑨ ひし形

⑨ 長方形　　　　　　　⑨ 円　　　　　　⑰ 半円

重要
2 次の図形は線対称な図形です。それぞれの対称の軸は全部で何本ありますか。

(1) A　　(2) I　　(3) H　　(4) D

重要
3 右の図は，点Oを対称の中心とする点対称な図形です。次の問いに答えなさい。

(1) 点Aに対応する点はどれですか。

(2) 辺CDに対応する辺はどれですか。

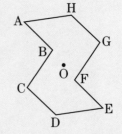

重要
4 右の図は線対称な図形です。次の問いに答えなさい。

(1) 対称の軸ℓを，定規だけを使って作図しなさい。

(2) ∠CDEに対応する角はどれですか。

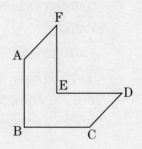

3-5 拡大図と縮図

1 拡大図と縮図

☑ **チェック！**

> 拡大図…対応する角の大きさがそれぞれ等しく，対応する辺の長さの
> 比が等しくなるよう，もとの図を大きくした図
>
> 縮図…対応する角の大きさがそれぞれ等しく，対応する辺の長さの比
> が等しくなるよう，もとの図を小さくした図
>
> 2倍の拡大図…もとの図に対して，対応する辺の長さを2倍にした図
>
> $\frac{1}{2}$の縮図…もとの図に対して，対応する辺の長さを$\frac{1}{2}$にした図

例1 右の図で，辺 AB と辺 DE，辺 BC と辺
EF，辺 AC と辺 DF の長さの比は，どれ
も 1：2 です。

例2 右の図で，∠A と∠D，∠B と∠E，∠C
と∠F の大きさは，それぞれ等しくなって
います。

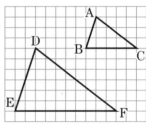

2 縮尺

☑ **チェック！**

> 縮尺…実際の長さを縮めた割合
>
> 縮尺の表し方（10m を 1cm に縮める場合）
>
> $\frac{1}{1000}$ または，1：1000 または，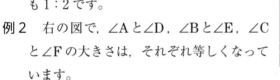など

例1 実際の土地で 100m の距離を，地図では 1cm で表した場合

100m＝10000cm だから，縮尺は，

分数で $\frac{1}{10000}$ と表し，比で 1：10000 と表します。

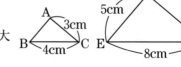

基本問題

重要
1 右の図で，△DEF は△ABC の
拡大図です。
かくだい ず

(1) △DEF は△ABC の何倍の拡大
図ですか。

(2) 辺 DF の長さは何 cm ですか。

(3) 辺 AB の長さは何 cm ですか。

考え方 ┌──────────────────────────────────────┐
(1)対応する辺を見つけて，その長さの比から何倍の拡大図になっ
ているかを求めます。
└──────────────────────────────────────┘

解き方 (1) 対応する辺の中で長さがわかっているのは，辺 BC と辺 EF な
ので，8÷4＝2 より，△DEF は△ABC の 2 倍の拡大図である。

答え **2倍**

(2) 辺 DF と対応する辺は辺 AC だから，辺 DF の長さは辺 AC の
長さの 2 倍である。

DF＝3×2＝6(cm)　　　　　　　 答え **6cm**

(3) 辺 AB と対応する辺は辺 DE だから，辺 AB の長さは辺 DE の
長さの $\frac{1}{2}$ である。

AB＝5÷2＝2.5(cm)　　　　　　 答え **2.5cm**

重要
2 縮尺が 1：5000 の地図があります。はるかさんの家から学校までの
しゅくしゃく
道のりが 450m のとき，この地図上で同じ道のりは何 cm で表されま
すか。

解き方 450m＝45000cm

$45000×\frac{1}{5000}＝9$(cm)　　　　　 答え **9cm**

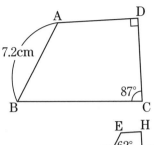

重要 1 右の図で，四角形 EFGH は四角形 ABCD の $\frac{1}{4}$ の縮図です。

(1) 辺 AD と辺 EH の長さの比を求めなさい。

(2) ∠G の大きさは何度ですか。

(3) ∠A の大きさは何度ですか。

(4) 辺 EF の長さは何 cm ですか。

(5) 辺 BC の長さは何 cm ですか。

考え方
$\frac{1}{4}$ の縮図では，辺の長さはそれぞれもとの図の対応する辺の長さの $\frac{1}{4}$ になります。また，対応する角の大きさはそれぞれ等しいです。

解き方 (1) 辺 AD と辺 EH は対応する辺だから，辺 AD の長さは辺 EH の長さの4倍である。よって，長さの比は 4：1 である。

答え 4：1

(2) ∠G と対応する角は∠C だから，∠G の大きさは 87° である。

答え 87°

(3) ∠B と対応する角は∠F だから，∠B の大きさは 62° である。
四角形の4つの角の大きさの和は 360° だから，
$$∠A＝360°－(62°＋87°＋90°)＝121°$$

答え 121°

(4) 辺 EF と対応する辺は辺 AB だから，辺 EF の長さは辺 AB の長さの $\frac{1}{4}$ である。$7.2×\frac{1}{4}＝1.8$(cm)

答え 1.8cm

(5) 辺 BC と対応する辺は辺 FG だから，辺 BC の長さは辺 FG の長さの4倍である。$2.7×4＝10.8$(cm)

答え 10.8cm

1 　五角形の土地があります。ある地図では，この土地が右の図のように表されています。この土地の実際の AE の長さが 63m のとき，次の問いに答えなさい。

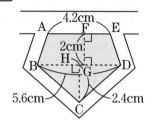

(1)　この地図の縮尺を，比と分数で表しなさい。

(2)　この土地の実際の面積は何 m² ですか。

考え方
(1)縮尺は長さの単位をそろえて考えます。

(2)実際の面積は，面積を求めるために必要な実際の長さを先に求めます。

解き方 (1)　五角形の AE の長さで考える。

縮図の AE の長さは 4.2cm，

実際の土地の AE の長さは，63m＝6300cm だから，

比で表すと，4.2：6300＝1：1500

分数で表すと，$\dfrac{1}{1500}$

答え 比…1：1500　　分数…$\dfrac{1}{1500}$

(2)　実際の五角形の BD の長さは，5.6×1500＝8400（cm）＝84（m）

同様に，FG の長さは，2×1500＝3000（cm）＝30（m）

CH の長さは，2.4×1500＝3600（cm）＝36（m）

よって，実際の五角形 ABCDE の面積は，台形 ABDE の面積と△BCD の面積をあわせて，

$$\underset{\text{台形 ABDE}}{\underline{(63＋84)×30÷2}}＋\underset{△\text{BCD}}{\underline{84×36÷2}}＝3717（m^2）$$

答え 3717m²

答え：別冊 p.24 〜 25

重要 1 ⑦の三角形の拡大図，縮図になっているものを，下の①から④までの図の中から 1 つずつ選びなさい。

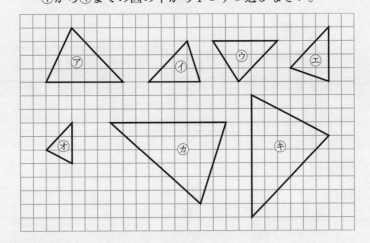

重要 2 右の図の△ABC は△ADE の拡大図です。次の問いに答えなさい。

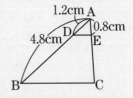

(1) 辺 AB と辺 AD の長さの比を，もっとも簡単な整数の比で表しなさい。

(2) 辺 AC の長さは何 cm ですか。

(3) ∠ADE と大きさの等しい角はどれですか。

重要 3 かずやさんの家から図書館までの道のりは 1350m です。ある地図上ではその道のりが 5.4cm で表されています。次の問いに答えなさい。

(1) この地図の縮尺は何分の一ですか。

(2) この地図上で，1 辺の長さが 1.2cm の正方形の土地の実際の面積は何 m^2 ですか。

重要

4 右の図で，長方形 AEFH は長方形 ABCD の拡大図です。次の問いに答えなさい。

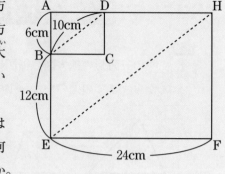

(1) 長方形AEFHは長方形ABCDの何倍の拡大図ですか。

(2) 対角線 EH の長さは何 cm ですか。

(3) 線分 DH の長さは何 cm ですか。

5 右の図のように，水平な土地に木が植えられています。ななさんがこの木の根元から13m 離れたところに立って，木の先端を見

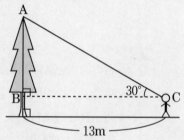

上げると，水平の方向よりも 30° 上に見えました。次の問いに答えなさい。

(1) $\frac{1}{100}$ の縮図では辺 BC の長さは何 cm になりますか。

(2) $\frac{1}{100}$ の縮図で辺 AB の長さを測ると，7.5cm でした。この木の実際の高さは何 m と考えられますか。ただし，ななさんの目の高さは地面から 150cm とします。

3-6 移動，作図，おうぎ形

1 図形の移動

☑チェック！

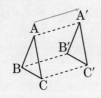
平行移動

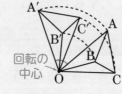
回転移動
回転の中心

対称移動
対称の軸 ℓ

・AA′，BB′，CC′ は平行
・AA′＝BB′＝CC′

・OA＝OA′，OB＝OB′，OC＝OC′，
・∠AOA′＝∠BOB′ ＝∠COC′

・AA′，BB′，CC′ はすべて ℓ に垂直
・AM＝A′M，BN＝B′N，CO＝C′O

2 基本の作図

☑チェック！

作図…定規とコンパスだけを用いて図をかくことを作図といいます。
定規は長さを測ることには使わず，直線をひくことだけに使います。

例1　線分の垂直二等分線の作図
① 線分の両端の点 A，B を中心として等しい半径の円をかき，その交点を C，D とする。
② 直線 CD をひく。
　線分 AB の垂直二等分線上のすべての点は，点 A，B からの距離が等しくなります。

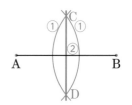

例2　角の二等分線の作図

　　①　点 O を中心とする円をかき，角の辺 OX，
　　　　OY との交点をそれぞれ A，B とする。

　　②　点 A，B を中心として等しい半径の円を
　　　　かき，その交点を C とする。

　　③　半直線 OC をひく。

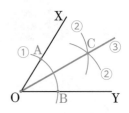

　　　∠XOY の二等分線上のすべての点は，2 辺 OX，OY からの距離（きょり）
　　が等しくなります。

例3　直線上にない 1 点を通る垂線（すいせん）の作図

　　①　点 P を中心とする円をかき，直線 XY
　　　　との交点を A，B とする。

　　②　点 A，B を中心として等しい半径の円を
　　　　かき，その交点を C とする。

　　③　直線 PC をひく。

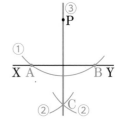

　　　点 P が直線 XY 上にあるときも同じように作図できます。

3 円とおうぎ形

☑ チェック！

π …円周率（えんしゅうりつ）3.14159 … を表す文字を π（パイ）といい，ここからは円周
率に π を使います。

円の周の長さ　$\ell = 2\pi r$（ℓ：周の長さ，r：半径）

円の面積　　　$S = \pi r^2$（S：面積，r：半径）

おうぎ形の弧（こ）の長さ　$\ell = 2\pi r \times \dfrac{a}{360}$（$\ell$：弧の長さ，$r$：半径，$a$：中心角）

おうぎ形の面積　　　$S = \pi r^2 \times \dfrac{a}{360}$（$S$：面積，$r$：半径，$a$：中心角）

例1　半径 6cm，中心角 $60°$ のおうぎ形の弧の長さ ℓ と面積 S

$$\ell = 2\pi \times 6 \times \frac{60}{360} = 12\pi \times \frac{1}{6} = 2\pi (\text{cm})$$

$$S = \pi \times 6^2 \times \frac{60}{360} = 36\pi \times \frac{1}{6} = 6\pi (\text{cm}^2)$$

重要
1 図形の移動について，次の問いに答えなさい。

(1) 右の図で，三角形⑦を，矢印の方向に矢印
の長さだけ平行移動した図をかき入れなさ
い。

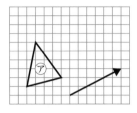

(2) 右の図で，三角形⑦を，点Oを中心とし
て，180°だけ回転移動した図をかきなさい。

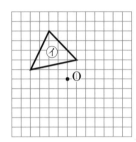

(3) 右の図で，三角形⑦を，直線 ℓ を対称の軸
として対称移動した図をかきなさい。

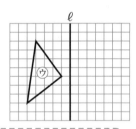

考え方
ます目を利用して，もとの図形の点の移動先を決めていきます。

解き方 (1)

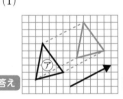

答え

(2)

答え

(3)

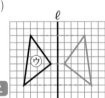

答え

重要

2 　右の図の△ABC で，辺 BC を底辺とする

とき，高さを表す線分を作図しなさい。

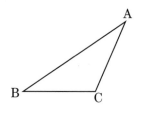

考え方

底辺とする辺を延長して垂線がひけるよ

うにします。

解き方 ① 　線分 BC を C 側に延長する。

② 　点 A を中心とする円をかき，半直線 BC との交点を P，Q とする。

③ 　点 P，Q を中心として等し

い半径の円をかき，その交点

を R とする。

④ 　直線 AR をひいて，直線

AR と半直線 BC の交点を H

として，線分 AH をひく。　**答え**

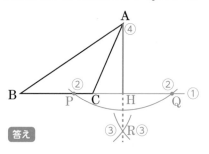

重要

3 　円とおうぎ形について，次の問いに答えなさい。ただし，円周率は

π とします。

(1) 　半径 8cm の円の円周の長さと面積を求めなさい。

(2) 　半径 6cm，中心角 150° のおうぎ形の弧の長さと面積を求めなさい。

ポイント

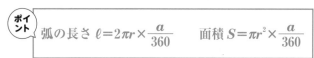

弧の長さ $\ell = 2\pi r \times \dfrac{a}{360}$ 　　　面積 $S = \pi r^2 \times \dfrac{a}{360}$

解き方 (1) 　円周は，$2\pi \times 8 = 16\pi$（cm）　　　面積は，$\pi \times 8^2 = 64\pi$（cm²）

答え 　円周の長さ… 16πcm　面積… 64πcm²

(2)

中心角

弧の長さは，$2\pi \times 6 \times \dfrac{150}{360} = 5\pi$（cm）

半径

中心角

面積は，$\pi \times 6^2 \times \dfrac{150}{360} = 15\pi$（cm²）

半径

答え 　弧の長さ… 5πcm　面積… 15πcm²

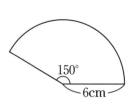

重要
1 右の図で，△DEF は，△ABC を直線 ℓ を対称の軸として対称移動させたものです。線分 BE と直線 ℓ の交点を P とします。

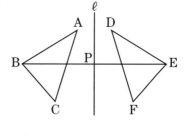

(1) 線分 BE と直線 ℓ の関係を，記号を使って表しなさい。

(2) BE＝12cm のとき，線分 BP の長さは何 cm ですか。

ポイント 対称の軸は，対応する点を結ぶ線分を垂直に2等分します。

解き方 (1) 直線 ℓ は対称の軸なので，線分 BE と直線 ℓ は垂直に交わっているから，垂直の記号⊥を使って表す。　　　答え　BE⊥ℓ

(2) 線分 BE は直線 ℓ によって2等分されるから，
12÷2＝6(cm)　　　　　　　　　答え　6cm

2 右の図で，点 A を接点とする，円 O の接線 ℓ を作図しなさい。

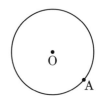

ポイント 円の接線は，接点を通る半径と垂直に交わります。

解き方 ① 半直線 OA をひく。

② 点 A を中心とする円をかき，直線 OA との交点を B，C とする。

③ 点 B，C を中心とする等しい半径の円をかき，その交点を D とする。

④ 直線 AD をひく。

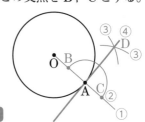

答え

3 右の図のような線分 AB，AC，BD から
の距離(きょり)が等しい点 P を作図しなさい。

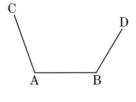

> **ポイント** 角をつくる2つの辺からの距離が等しい
> 点は，その角の二等分線上にあります。

解き方 ∠CAB の二等分線と∠ABD の二等分線の交点が P となる。

① 点 A を中心とする円をかき，線分 AC，AB との交点を E，F
とする。

② 点 E，F を中心として等しい半径の円をかく。

③ ②の交点を G として，直線 AG をひく。

④ 点 B を中心とする円をかき，線分 AB，BD との交点を H，I
とする。

⑤ 点 H，I を中心として等しい半
径の円をかく。

⑥ ⑤の交点を点 J として，直線
BJ をひくと，直線 AG と直線
BJ の交点が P である。 答え

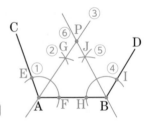

重要
4 右の図は，半径 15cm，弧(こ)の長さ 10πcm
のおうぎ形です。中心角∠AOB の大きさと
面積を求めなさい。ただし，円周率(えんしゅうりつ)は π と
します。

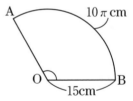

解き方 中心角の大きさを $a°$ とすると，$10\pi=2\pi\times15\times\dfrac{a}{360}$ より，$a=120$

面積を S とすると，$S=\pi\times15^2\times\dfrac{120}{360}=75\pi(\text{cm}^2)$

答え 中心角…120° 面積…75πcm²

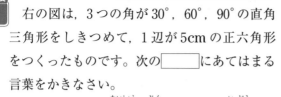

・発展問題・

重要
1 右の図は，3つの角が30°，60°，90°の直角
三角形をしきつめて，1辺が5cmの正六角形
をつくったものです。次の　　　にあてはまる
言葉をかきなさい。

(1) ①を直線　　を対称の軸として対称移動する
と，⑦と重なる。

(2) ①を点　を回転の中心として反時計回りに　°回転移動すると，
④と重なる。

(3) ①を矢印BCの方向に　　cm平行移動すると，⑦と重なる。

解き方 (1) ①を直線GOを対称の軸として対称移動する。　　**答え** GO

(2) ①を点Aを回転の中心として反時計回りに60°回転移動する。

答え A，60

(3) ①を矢印BCの方向にその長さだけ平行移動する。　　**答え** 5

2 右の図は，半径6cmの半円を点Oを中心と
して反時計回りに120°回転させ，弧AOが通っ
た部分に色を塗ったものです。色を塗った部分
のまわりの長さと面積を求めなさい。ただし，
円周率はπとします。

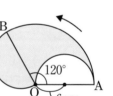

解き方 まわりの長さは，半径6cmの円周と，半径12cm，中心角120°の
おうぎ形の弧をあわせた長さなので，

$$2\pi \times 6 + 2\pi \times 12 \times \frac{120}{360} = 12\pi + 8\pi = 20\pi (\text{cm})$$

また，回転させたあとの半円を回転させる前の半円に移動させると，
半径が12cm，中心角が120°のおうぎ形になるので，求める面積は，

$$\pi \times 12^2 \times \frac{120}{360} = 48\pi (\text{cm}^2)$$

答え まわりの長さ… 20πcm　面積… 48πcm²

3-6 移動，作図，おうぎ形 127

第3章
図形に関する問題

3 右の図の平行四辺形 ABCD の内部に，辺 BC を底辺とし，面積が平行四辺形 ABCD の面積の半分となる二等辺三角形を作図しなさい。

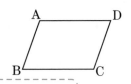

考え方 二等辺三角形を作図するには垂直二等分線を利用します。

解き方 平行四辺形 ABCD の面積の半分であることから，二等辺三角形の高さは，底辺を BC としたときの平行四辺形の高さに等しい。

① 点 B，C を中心として等しい半径の円をかき，その交点を E，F とする。

② 直線 EF をひき，辺 AD の交点を G として，△GBC をかく。

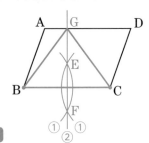

答え

4 右の図は円周の一部です。この円の中心を作図しなさい。

ポイント 円の中心は円周上のすべての点からの距離が等しいです。

2点 A，B からの距離が等しい点は，線分 AB の垂直二等分線上にあります。

解き方 ① 円周上に 4 点 A，B，C，D をとる。

② 点 A，B を中心として等しい半径の円をかき，その交点を E，F とする。

③ 点 C，D を中心として等しい半径の円をかき，その交点を G，H とする。

④ 直線 EF と直線 GH をひくと，その交点 O が円の中心である。

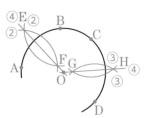

答え

重要
1 右の図で，△DEF は，△ABC を，点 O を中心として時計回りに 95°回転させたものです。次の問いに答えなさい。

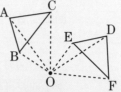

(1) 線分 OC と長さの等しい線分はどれですか。

(2) ∠AOD の大きさは何度ですか。

重要
2 右の図のように，正六角形を対角線によって，6 個の合同な正三角形⑦～⑰に分けました。次の問いに答えなさい。

(1) ⑦を，平行移動だけで重ね合わせることができる三角形はどれですか。①～⑰の中からすべて選びなさい。

(2) ⑦を，対角線を対称の軸として対称移動させて重ね合わせることができる三角形はどれですか。①～⑰の中からすべて選びなさい。

(3) ⑦を，点 O を中心として時計回りに 120°回転移動させて重ね合わせることができる三角形はどれですか。①～⑰の中から 1 つ選びなさい。

重要
3 右の図の△ABC で，点 A を通り，△ABC の面積を二等分する直線を作図しなさい。

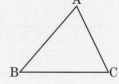

3-6 移動，作図，おうぎ形　129

4 　右の図のような線分 AB があります。線分 AB の上側に，∠PAB＝30° を満たす点 P を作図しなさい。

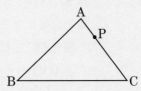

5 　右の図のような三角形の紙を 1 回だけ折ります。次の問いに答えなさい。

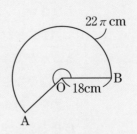

(1)　点 B と点 P が重なるように折るときにできる折り目となる直線を作図しなさい。

(2)　辺 AB と辺 AC が重なるように折るときにできる折り目となる直線を作図しなさい。

重要
6 　右の図は，半径 18cm，弧の長さ 22πcm のおうぎ形です。おうぎ形の中心角∠AOB の大きさと面積を求めなさい。ただし，円周率は π とします。

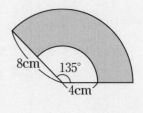

重要
7 　右の図は，半径がそれぞれ 4cm と 8cm で，中心角がともに 135° のおうぎ形を組み合わせたものです。次の問いに答えなさい。ただし，円周率は π とします。

(1)　色を塗った部分のまわりの長さは何 cm ですか。

(2)　色を塗った部分の面積は何 cm² ですか。

3-7 空間図形

1 直線や平面の位置関係

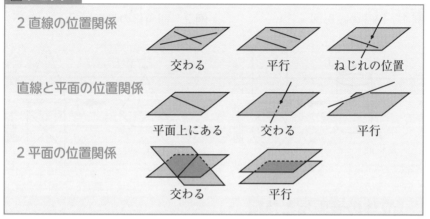

2直線の位置関係

交わる　　　　平行　　　　ねじれの位置

直線と平面の位置関係

平面上にある　　交わる　　　平行

2平面の位置関係

交わる　　　平行

例1 右の図の直方体で，直線 AD と平行な平面は，
平面 EFGH と平面 BFGC です。

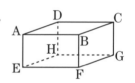

2 立体の見方

回転体…1つの平面図形を，その平面上の直線 ℓ のまわりに1回転さ
せてできる立体

例1 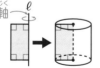　　**例2** 　　**例3**

テスト 長方形を，その1辺を含む直線を軸として1回転させてできる立体
の名前を書きなさい。

答え 円柱

立面図…立体を真正面から見た図

平面図…立体を真上から見た図

投影図…立面図と平面図を使って表した図

例1　円柱の投影図　　　　　　　例2　四角錐の投影図

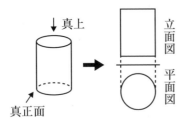　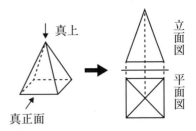

3 立体の表面積と体積

☑ チェック！

立体の表面積

角柱・円柱の表面積　$S=(側面積)＋(底面積)×2$ （S：表面積）

角錐・円錐の表面積　$S=(側面積)＋(底面積)$ （S：表面積）

球の表面積　　　　　$S=4\pi r^2$ （S：表面積，r：半径）

立体の体積

角柱・円柱の体積　　$V=Sh$ 　　　　（V：体積，S：底面積，h：高さ）

角錐・円錐の体積　　$V=\dfrac{1}{3}Sh$ 　（V：体積，S：底面積，h：高さ）

球の体積　　　　　　$V=\dfrac{4}{3}\pi r^3$ （V：体積，r：半径）

例1　底面積が 24cm^2，高さが 5cm の四角錐の体積 V

$$V=\frac{1}{3}×24×5=40\,(\text{cm}^3)$$

☑チェック！

多面体…いくつかの平面で囲まれている立体を多面体といいます。

多面体は，その面の数によって，四面体，五面体，六面体，…などといいます。

正多面体…多面体のうち，次の2つの性質をもち，へこみのないものを正多面体といいます。

・どの面もすべて合同な正多角形である。

・どの頂点にも面が同じ数だけ集まっている。

正多面体は次の5種類しかないことが知られています。

正四面体　　　　　正六面体　　　　　　正八面体
　　　　　　　　　（立方体）

正十二面体　　　　　正二十面体

	面の形	面の数	辺の数	頂点の数	1つの頂点に集まる面の数
正四面体	正三角形	4	6	4	3
正六面体	正方形	6	12	8	3
正八面体	正三角形	8	12	6	4
正十二面体	正五角形	12	30	20	3
正二十面体	正三角形	20	30	12	5

重要
1 右の図のような三角柱があります。

(1) 平面 ABC と垂直な直線をすべて書きなさい。

(2) 直線 BE と平行な直線をすべて書きなさい。

(3) 直線 AD とねじれの位置にある辺をすべて書きなさい。

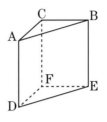

解き方(1) 平面 ABC と垂直な直線は，直線 AD，BE，CF である。

> **答え** 直線AD，BE，CF

(2) 直線 BE と平行な直線は，直線 AD，CF である。

> **答え** 直線 AD，CF

(3) 直線 AD と交わる辺(延長して交わる辺も含む)は×印をつけた辺 AB，AC，DE，DF で，AD と平行な辺は○印をつけた辺BE，CF である。それ以外の辺が，ねじれの位置にあるといえる。

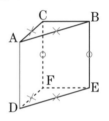

> **答え** 辺BC，EF

重要
2 次の立体の表面積は何 cm² ですか。

(1) 三角柱

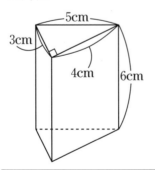

(2) 正四角錐

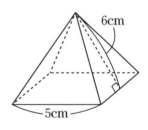

> **ポイント** (2)正四角錐は，底面が正方形で，側面が合同な二等辺三角形です。

解き方 展開図は右の図のようになる。

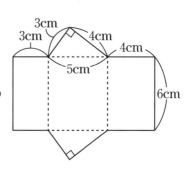

(1) 側面は，縦 6cm，横 3＋5＋4
　＝12（cm）の長方形で，

　底面は，底辺 3cm，高さ 4cm の

　直角三角形である。

　表面積は，側面と 2 つの底面の

　面積をあわせて，

$$\underset{\text{側面積}}{\underline{6\times12}}+\underset{\text{底面積}}{\underline{\frac{1}{2}\times3\times4\times2}}=84(\text{cm}^2)$$

答え 84cm²

(2) 側面は，底辺 5cm，高さ 6cm

　の二等辺三角形が 4 つで，

　底面は，1 辺 5cm の正方形だから，

　表面積は，

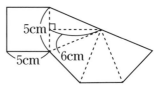

$$\underset{\text{側面積}}{\underline{\frac{1}{2}\times5\times6\times4}}+\underset{\text{底面積}}{\underline{5\times5}}=85(\text{cm}^2)$$

答え 85cm²

重要 3 次の立体の体積は何 cm³ ですか。ただし，円周率は π とします。

(1) 直方体

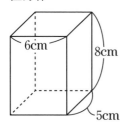

(2) 円錐

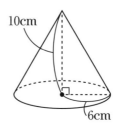

解き方 (1) $\underset{\text{底面積}}{\underline{5\times6}}\times\underset{\text{高さ}}{\underline{8}}=240(\text{cm}^3)$

答え 240cm³

(2) $\frac{1}{3}\times\underset{\text{底面積}}{\underline{\pi\times6^2}}\times\underset{\text{高さ}}{\underline{10}}=120\pi(\text{cm}^3)$

答え 120πcm³

重要 1 半径が 6cm の球の表面積と体積を求めなさい。ただし,円周率は π とします。

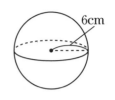

> **ポイント** 球の表面積 $S=4\pi r^2$　球の体積 $V=\frac{4}{3}\pi r^3$

解き方 表面積は,$4\pi\times 6^2=144\pi\,(\text{cm}^2)$　体積は,$\frac{4}{3}\pi\times 6^3=288\pi\,(\text{cm}^3)$

答え 表面積… $144\pi\text{cm}^2$　体積… $288\pi\text{cm}^3$

重要 2 右の図はある立体の展開図で,4つの合同な正三角形を組み合わせた形になっています。

(1) 何という立体の展開図ですか。もっとも適切な名前で答えなさい。

(2) この展開図を組み立てた立体で,直線 DE とねじれの位置にある辺は,展開図ではどの辺になりますか。すべて答えなさい。

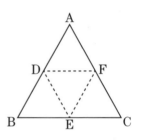

> **考え方** 組み立てたときの見取図をかき,頂点の記号を記入して考えます。

解き方 (1) 組み立てると右の見取図のように,どの面も合同な正三角形で,どの頂点にも3つの面が集まっている正四面体となる。

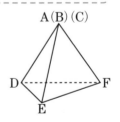

答え 正四面体

(2) 直線 DE と交わる辺は,右の図で×印をつけた辺 AD,AE,DF,EF である。よって,ねじれの位置にあるのは,それ以外の辺の,辺 AF である。この辺は展開図では,辺 AF と CF にあたる。　**答え** 辺 AF,CF

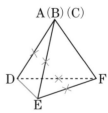

重要

3 右の図のような直角三角形 ABC があります。この三角形を直線 AC，BC を軸として1回転させてできる立体をそれぞれ P，Q とします。立体 P，Q について，次の問いに答えなさい。ただし，円周率は π とします。

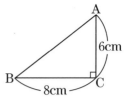

(1) 立体 P，Q はそれぞれ何という名前の立体になりますか。もっとも適切な名前で答えなさい。

(2) 立体 Q の体積は立体 P の体積の何倍ですか。分数で答えなさい。

> **ポイント** 角錐・円錐の体積 $V = \dfrac{1}{3}Sh$

解き方 (1) 立体 P，Q はそれぞれ下の図のような立体になる。いずれも円錐である。

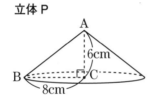
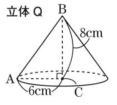

答え P，Q ともに円錐

(2) 立体 P の体積は，$\dfrac{1}{3} \times \pi \times 8^2 \times 6 = 128\pi \,(\text{cm}^3)$
底面積　高さ

立体 Q の体積は，$\dfrac{1}{3} \times \pi \times 6^2 \times 8 = 96\pi \,(\text{cm}^3)$
底面積　高さ

よって，$96\pi \div 128\pi = \dfrac{\overset{3}{96\pi}}{\underset{4}{128\pi}} = \dfrac{3}{4}$（倍）

答え $\dfrac{3}{4}$ 倍

重要 1 右の図のように，底面の半径が6cm，母線の長さが16cmの円錐Pと，母線の長さが12cmの円錐Qがあります。この2つの円錐の側面積が等しいとき，次の問いに答えなさい。ただし，円周率はπとします。

円錐P

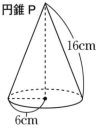

16cm
6cm

円錐Q

12cm

(1) 円錐Qの底面の半径を求めなさい。

(2) 円錐P，Qの表面積は，どちらの方が何cm²大きいですか。

解き方 側面のおうぎ形の中心角を$a°$，母線をR，底面の半径をrとすると，側面のおうぎ形の弧の長さは，

$$2\pi R \times \frac{a}{360} \quad \cdots ①$$

底面の円周の長さは $2\pi r$ $\cdots ②$

①と②の長さは等しいので，

$$2\pi R \times \frac{a}{360} = 2\pi r, \quad \frac{a}{360} = \frac{r}{R} である。$$

おうぎ形の側面積をSとすると，

$$S = \pi R^2 \times \frac{a}{360} = \pi R^2 \times \frac{r}{R} = \pi r R \quad \cdots ③$$

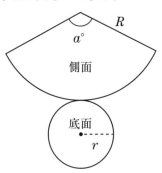

R

$a°$

側面

底面

r

(1) ③より，円錐Pの側面積は，$\pi \times 16 \times 6 = 96\pi (\text{cm}^2)$

円錐Qの底面の半径をxとすると，側面積は，

$$\pi \times x \times 12 = 12\pi x (\text{cm}^2)$$

円錐P，Qの側面積が等しいので，

$$96\pi = 12\pi x \quad これを解いて，x = 8$$

答え 8cm

(2)　円錐 P，Q の側面積は等しいので，円錐 P の表面積と円錐 Q の表面積の差は，底面積の差を求めればよい。

　　底面積が大きいのは円錐 Q で，底面積の差は，

$$8^2\pi - 6^2\pi = 28\pi(\text{cm}^2)$$

答え 円錐 Q の方が，$28\pi\text{cm}^2$ 大きい

2 右の図は，1辺 9cm の正方形の中に，正方形の頂点の1つを中心とするおうぎ形をかいたものです。色を塗った部分を直線 ℓ を軸として1回転させてできる回転体について，次の問いに答えなさい。ただし，円周率は π とします。

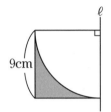

(1)　立体の体積を求めなさい。

(2)　立体の表面積を求めなさい。

解き方 回転体は右の図のような，円柱から半球を取り除いた立体になる。

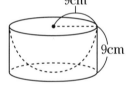

(1)　円柱の体積から半球の体積をひけばよいので，

$$\underset{\text{円柱の体積}}{\pi \times 9^2 \times 9} - \underset{\text{半球の体積}}{\frac{4}{3}\pi \times 9^3 \times \frac{1}{2}} = 243\pi(\text{cm}^3)$$

答え $243\pi\text{cm}^3$

(2)　円柱の側面積と底面積をたして，さらに球の表面積の半分をたせばよいので，

$$\underset{\text{円柱の側面積}}{9 \times 2\pi \times 9} + \underset{\text{円柱の底面積}}{\pi \times 9^2} + \underset{\text{球の表面積の半分}}{4\pi \times 9^2 \times \frac{1}{2}} = 405\pi(\text{cm}^2)$$

答え $405\pi\text{cm}^2$

重要 1 右の立体は，底面が台形の四角柱です。この立体について，次の問いに答えなさい。

(1) 直線 AD と平行な直線をすべて書きなさい。

(2) 平面 ABCD と垂直な面をすべて書きなさい。

(3) 直線 AE と平行な面をすべて書きなさい。

(4) 直線 AD とねじれの位置にある辺をすべて書きなさい。

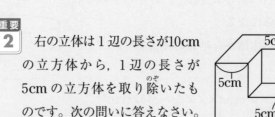

重要 2 右の立体は 1 辺の長さが10cm の立方体から，1 辺の長さが 5cm の立方体を取り除いたものです。次の問いに答えなさい。

(1) 体積は何 cm³ ですか。

(2) 表面積は何 cm² ですか。

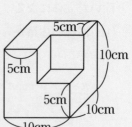

3 次の立体の体積と表面積を求めなさい。ただし，円周
率は π とします。

(1) 三角柱

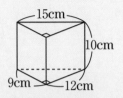

(2) 球

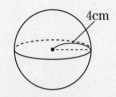

(3) 円柱を重ねた形

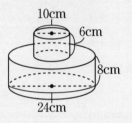

(4) 円錐

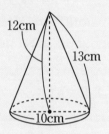

4 右の図の正四角錐について，次の
問いに答えなさい。

(1) 表面積を求めなさい。
(2) 正四角錐の投影図はどれですか。
下の⑦〜工の中から1つ選びなさい。

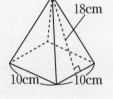

⑦  ⑦ 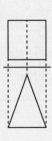 ⑦  工

第3章

図形に関する問題

重要

5 右の図は，円錐（えんすい）の展開図（てんかいず）です。組み立てたときにできる円錐について，次の問いに答えなさい。ただし，円周率（えんしゅうりつ）は π とします。

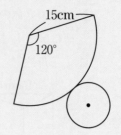

15cm
120°

(1) 底面の半径を求めなさい。

(2) 表面積を求めなさい。

6 右の図のように，高さが12cmの円柱の容器（ようき）に球がぴったり入っています。次の問いに答えなさい。ただし，円周率は π とします。

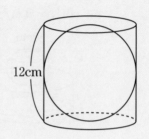

12cm

(1) 円柱の容器の容積は何 cm^{3}ですか。

(2) 球の体積は，円柱の容器の容積の何倍ですか。

重要

7 右の図の△ABC は，AC＝7cm，BC＝3cm，∠ACB＝90°の直角三角形です。直線 AC を軸（じく）として1回転させるとき，次の問いに答えなさい。ただし，円周率は π とします。

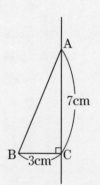

A
7cm
B 3cm C

(1) できる立体の名前を答えなさい。

(2) できる立体の体積は何 cm^{3}ですか。

第4章 データの活用に関する問題

4-1 平均

> ☑ チェック！
>
> 平均…いくつかの数量を，等しい大きさになるようにならしたもの
>
> 平均＝合計÷個数
>
> 合計＝平均×個数

例1　5人の生徒の身長を測ると，148cm，155cm，149cm，138cm，151cmでした。この5人の身長の平均は，

$\underbrace{(148＋155＋149＋138＋151)}_{\text{身長の合計}}÷\underbrace{5}_{\text{人数}}＝741÷5＝148.2(\text{cm})$ です。

例2　あるクラス35人の生徒の体重の平均は，42.7kgです。このクラスの全員の体重の合計は，

$\underbrace{42.7}_{\text{体重の合計}}×\underbrace{35}_{\text{人数}}＝1494.5(\text{kg})$ です。

例3　はなさんが3日間に読んだ本のページ数は，12ページ，21ページ，18ページでした。この3日間に読んだページ数の平均は，

$\underbrace{(12＋21＋18)}_{\text{ページ数の合計}}÷\underbrace{3}_{\text{日数}}＝51÷3＝17(\text{ページ})$ です。

テスト 右の表は，まさきさんが
50m走を4回走ったときの
記録です。

	1回め	2回め	3回め	4回め
記録(秒)	7.9	7.5	7.7	

(1)　1回めから3回めまでの記録の平均は何秒ですか。

(2)　4回の記録の平均は7.6秒でした。4回めの記録は何秒ですか。

答え　(1)　7.7秒　　(2)　7.3秒

重要 1　たかしさんが受けた5教科のテストの結果は，国語が81点，数学が76点，社会が75点，理科が88点，英語が80点でした。たかしさんの今回の5教科のテストの平均は何点ですか。

ポイント　平均＝合計÷個数

解き方　$\underbrace{(81+76+75+88+80)}_{\text{点数の合計}}÷\underset{\text{個数}}{5}=80（点）$

答え　80点

重要 2　ともみさんが20歩歩いて，その長さを測ったところ，14.4m ありました。

(1)　ともみさんの歩幅の平均は何cmですか。

(2)　ともみさんが運動公園のまわりを1周歩くと，1800歩ありました。1周は何mと考えられますか。

(3)　(2)のあと，2周めを1190歩で走りました。2周めの歩幅は平均何cmですか。答えは，小数第1位を四捨五入して求めなさい。

考え方　(1)（歩幅の平均）＝（歩いた道のり）÷（歩数）

(2)（運動公園1周の道のり）＝（歩幅の平均）×（歩数）

解き方　(1)　14.4m＝1440cm だから，

1440÷20＝72（cm）

答え　72cm

(2)　（運動公園1周の道のり）＝（歩幅の平均）×（歩数）

72cm は 0.72m だから，0.72×1800＝1296（m）

答え　1296m

(3)　1296m は 129600cm だから，129600÷1190＝108.9 …（cm）

小数第1位を四捨五入して，109cm

答え　109cm

第**4**章　データの活用に関する問題

応用問題

重要 1　下の表はゆきこさんが、1週間の同じ時刻に測った体温の結果です。ただし、日曜日だけ風邪をひいて熱が出ました。この結果から、ゆきこさんの体温の平均は何℃と考えられますか。答えは、小数第2位を四捨五入して求めなさい。

曜日	月	火	水	木	金	土	日
体温(℃)	36.5	36.4	36.3	36.1	36.6	36.8	37.9

考え方　他と大きく離れた記録は、除いてから平均を求めます。

解き方　日曜日の記録を除いて、それ以外の6日間の平均を求める。

$(36.5+36.4+36.3+36.1+36.6+36.8)÷6=36.45(℃)$

よって、小数第2位を四捨五入して、36.5℃　　**答え**　36.5℃

重要 2　下の表は、あらたさんがハンドボール投げを5回行った記録の紙です。5回めのところがやぶれて読めなくなっていますが、5回の平均は24mだったことはわかっています。5回めの距離は何mでしたか。

	1回め	2回め	3回め	4回め	5回め
距離(m)	21	22	26	23	

ポイント　合計＝平均×個数

解き方　5回のハンドボール投げの記録の平均が24mだったので、5回の記録の合計は、$24×5=120(m)$

4回めまでの結果はわかっているので、5回めの距離は、

$120-(21+22+26+23)=28(m)$　　**答え**　28m

1 　A，B，C，D，Eの5人が数学のテストを受けました。5人の点数の平均は74点で，C，D，Eの3人の点数の平均は69点でした。Aの点数がBの点数より5点高いとき，Aの点数は何点ですか。

ポイント　平均×個数＝合計

考え方　3人の点数の合計と残り2人の点数の合計の和が，5人の点数の合計になることに注目します。

解き方 5人の点数の平均は74点より，5人の点数の合計点は，

　　74×5＝370（点）

　　C，D，Eの3人の点数の平均が69点より，3人の点数の合計点は，

　　69×3＝207（点）

　　A，Bの2人の点数の合計点は，5人の合計点から3人の合計点をひいて，

　　370－207＝163（点）

　　また，AはBの点数より5点高いので，

　　Bの点数は，

　　（163－5）÷2＝79（点）

　　Aの点数は，

　　79＋5＝84（点）

A の点数 ┐
B の点数 ┘5点｝合計 163 点

答え 84 点

重要
1 みかんがたくさん入った箱があります。箱からみかん
を4個取り出して，1個ずつ重さを量ったところ，59g，
61g，62g，66gでした。次の問いに答えなさい。
(1) 4個のみかんの重さの平均は何gですか。
(2) みかん1個あたりの重さを(1)で求めた平均の重さとす
ると，50個のみかんの重さは何kgですか。

2 さきさんが40歩歩いたときの長さを測ったところ，
27.2mでした。次の問いに答えなさい。
(1) さきさんの歩幅の平均は何cmですか。
(2) さきさんが学校から家まで歩いたところ，575歩あり
ました。学校から家までは何mと考えられますか。

重要
3 ある書店で水曜日から土曜日までに売れた本の平均は
72冊で，日曜日に売れた本は92冊でした。次の問いに
答えなさい。
(1) 水曜日から土曜日までに売れた本の合計は何冊ですか。
(2) 水曜日から日曜日までに売れた本の平均は何冊ですか。

重要
4 6回あるテストのうち，あけみさんの5回めまでの点
数の平均は78点でした。次の問いに答えなさい。
(1) 5回めまでの点数の合計は何点ですか。
(2) 6回のテストで平均80点以上をとりたいと考えてい
ます。6回めのテストで何点以上をとればよいですか。

帯グラフや円グラフ

1 帯グラフ

☑チェック！

> 帯グラフ…全体を長方形で表し，線で区切って，各区分の割合（わりあい）を表したグラフ

例1　右の表は，A中学校の前の道
路を1週間に通った自動車の台数
を種類別に調べたものです。割合
を見やすくするために，下のよう
な帯グラフに表します。

車の種類別の台数調べ

車の種類	台数(台)	百分率(%)
乗用車	328	41
バス	208	26
トラック	168	21
その他	96	12
合計	800	100

種類別の台数の割合（A中学校）

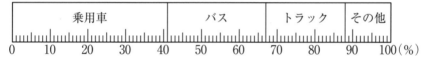

帯グラフに表すと，複数（ふくすう）のグラフを比（くら）べるとき，部分どうしの割合
を比べやすくなります。たとえば，B中学校と比べたいとき，下のよ
うに帯グラフに表すと，乗用車の割合の違（ちが）いなどがよくわかります。

種類別の台数の割合（B中学校）

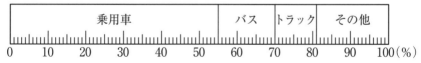

例2　例1のB中学校のグラフで，乗用車の台数の割合は，全体の54%
です。

2 円グラフ

☑チェック!

円グラフ…全体を円で表し，半径で区切って，各区分の割合を表した
グラフ

例1　右の表は，ある中学校で好
　　きなスポーツについて調べた
　　ものです。
　　　割合を見やすくするため
　　に，下のような円グラフに表
　　します。

好きなスポーツ調べ

種類	人数(人)	百分率(%)
サッカー	136	34
野球	88	22
バスケットボール	64	16
バレーボール	44	11
卓球	28	7
テニス	24	6
その他	16	4
合計	400	100

好きなスポーツの種類と割合

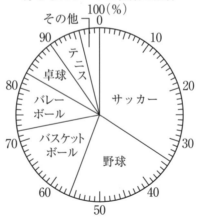

　　円グラフに表すと，全体をもとにした各部分の割合の大きさがわか
りやすくなります。たとえば，野球が好きな人の割合より，サッカー
が好きな人の割合のほうが大きいことが，よくわかります。

重要
1　下の帯グラフは，2019年度におけるとうもろこしの生産量の割合を表したものです。

とうもろこしの生産量の割合

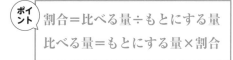

（USDA「World Markets and Trade」より）

(1)　ブラジルの生産量の割合は，全体の何％ですか。

(2)　中国の生産量は，アルゼンチンの生産量の何倍ですか。

(3)　この年の生産量は全体で11億1200万tでした。EUの生産量はおよそ何tと考えられますか。答えは，十万の位を四捨五入して求めなさい。

ポイント｜割合＝比べる量÷もとにする量
　　　　比べる量＝もとにする量×割合

解き方　(1)　ブラジルの生産量の割合は，63－54＝9（％）

答え　9％

(2)　中国の生産量の割合は，54－31＝23（％），
　　アルゼンチンの生産量の割合は，74－69＝5（％）なので，
　　23÷5＝4.6（倍）

答え　4.6倍

(3)　EUの生産量の割合は，69－63＝6（％）なので，EUの生産量は，
　　111200×0.06＝6672（万t）
　　十万の位を四捨五入して，6700万t

答え　6700万t

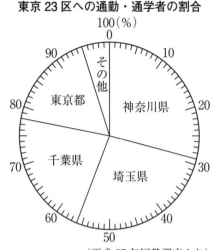

東京 23 区への通勤・通学者の割合

(平成 27 年国勢調査より)

重要 1 右の円グラフは，平成 27 年の，東京 23 区への通勤・通学者の割合を表したものです。

(1) 神奈川県，埼玉県，千葉県からの通勤・通学者数を合わせた割合は，全体の何 % ですか。

(2) 神奈川県からの通勤・通学者数は，東京都からの通勤・通学者数のおよそ何倍ですか。答えは，小数第 2 位を四捨五入して求めなさい。

(3) 千葉県からの通勤・通学者数はおよそ 70 万人でした。東京 23 区への通勤・通学者数はおよそ何万人と考えられますか。答えは，千の位を四捨五入して求めなさい。

ポイント もとにする量＝比べる量÷割合

解き方 (1) グラフより，78 % **答え** 78 %

(2) 神奈川県からの通勤・通学者の割合は 29 %，
東京都からの通勤・通学者の割合は，95−78＝17（%）だから，
神奈川県からの通勤・通学者数は，東京都からの通勤・通学者数の，29÷17＝1.70 …（倍）より，小数第 2 位を四捨五入して 1.7 倍
答え 1.7 倍

(3) 千葉県からの通勤・通学者の割合は，78−56＝22（%）だから，
東京都 23 区への通勤・通学者数は，70÷0.22＝318.1 …（万人）より，千の位を四捨五入して 318 万人

答え 318 万人

2 　下の帯グラフは，書店 A，B で 1 か月間の売上金額の割合を本の種類別に表したものです。

本の種類別の売上金額の割合

専門書

書店 A

| 雑誌 | コミック | 文庫 | | その他 |

0　10　20　30　40　50　60　70　80　90　100(%)

書店 B

| 雑誌 | コミック | 文庫 | 専門書 | その他 |

0　10　20　30　40　50　60　70　80　90　100(%)

(1)　書店 A の 1 か月の総売上金額は 450 万円でした。書店 A のコミックの売上金額は何万円ですか。

(2)　書店 B の専門書の売上金額は 105 万円でした。書店 B の 1 か月の総売上金額は何万円ですか。

(3)　雑誌の売上金額は，どちらの店が何万円多いですか。

> **ポイント**
> 比べる量＝もとにする量×割合
> もとにする量＝比べる量÷割合

解き方 (1)　書店 A のコミックの割合は，64－38＝26（％）だから，
　　　　450×0.26＝117（万円）　　　　　　　　　**答え** 117 万円

(2)　書店 B の専門書の割合は，63－51＝12（％）だから，
　　　105÷0.12＝875（万円）　　　　　　　　　**答え** 875 万円

(3)　書店 A の雑誌の割合は 38 ％，書店 B の雑誌の割合は 20 ％だから，
　　　書店 A の売上金額は，450×0.38＝171（万円）
　　　書店 B の売上金額は，875×0.2＝175（万円）
　　　よって，書店 B のほうが，175－171＝4（万円）多い。

　　　　　　　　　　　　　　　　　答え 書店 B が 4 万円多い

・発展問題・

重要 1　右の帯グラフは，1955 年，1975 年，1995 年，2012 年の 4 つの年における日本の工業生産額(こうぎょうせいさん)の割合(わりあい)を表したものです。これについて，下の①〜

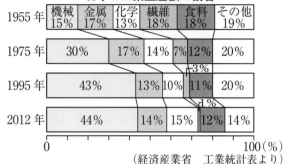

日本の工業生産額の割合

	機械	金属	化学	繊維	食料	その他
1955 年	15%	17%	13%	18%	18%	19%
1975 年	30%		17%	14%	7%	12%	20%
1995 年	43%		13%	10%	11%	20%
2012 年	44%		14%	15%	12%	14%

0　　　　　　　　　　　　　　　　　　100(%)
（経済産業省　工業統計表より）

⑤の中から，正しいとは限らないものをすべて選びなさい。

① 1955 年の生産額は，機械より繊維(せんい)のほうが多い。

② 繊維の生産額は，1955 年から 2012 年まで減り続けている。

③ 1975 年以降の 3 つの年において，機械の生産額がもっとも多い。

④ 1975 年の金属(きんぞく)の生産額の割合は，1995 年の金属の生産額の割合より大きい。

⑤ 1955 年の食料の生産額は，2012 年の食料の生産額より多い。

解き方 ① 1955 年の生産額の割合は，機械が 15 ％，繊維が 18 ％で，繊維のほうが大きいから，生産額は，機械より繊維のほうが多い。

② 繊維の生産額の割合は，1955 年から 2012 年まで減り続けているが，それぞれの年の総生産額がわからないため，繊維の生産額もわからない。よって，正しいとは限らない。

③ 1975 年以降の 3 つの年において，機械の生産額の割合がもっとも大きいから，その生産額はもっとも多い。

④ 1975 年の金属の生産額の割合は 17 ％で，1995 年の金属の生産額の割合の 13 ％より大きい。

⑤ 1955 年の食料の生産額の割合は 18 ％で，2012 年の食料の生産額の割合の 12 ％より大きいが，②と同様，生産額がわからないので正しいとは限らない。

答え ②，⑤

・練習問題・

答え：別冊 p.31

重要 1 下の表は，2017年のさつまいもの生産量の割合を表したものです。次の問いに答えなさい。

さつまいもの生産量の割合

鹿児島	茨城	千葉	宮崎	徳島	その他

```
0   10  20  30  40  50  60  70  80  90  100(%)
```

(農林水産省　作物統計より)

(1) 宮崎県の生産量の割合は，全体の何％ですか。

(2) 千葉県の生産量は徳島県の生産量の何倍ですか。

(3) 鹿児島県の生産量は282000tでした。この年のさつまいもの生産量は，全体で何tと考えられますか。答えは，千の位を四捨五入して求めなさい。

重要 2 右の円グラフは，ある中学校の1年生の生徒125人のもっとも好きなパンを調べ，その人数の割合を表したものです。次の問いに答えなさい。

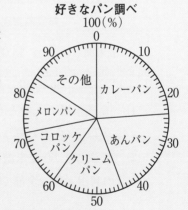

好きなパン調べ

(1) カレーパンと答えた人数の割合は，全体の何％ですか。

(2) メロンパンと答えた人数は何人ですか。

第**4**章　データの活用に関する問題

4-2 帯グラフや円グラフ　155

3 右のグラフは，ある学校の図書館にある本の割合(わり)を種類別に表したものです。次の問いに答えなさい。

図書館の本の種類の割合

(1) 自然科学の本の冊数の割合は，全体の何%ですか。

(2) 自然科学の本の冊数は，文学の本の冊数の何倍ですか。

(3) 社会科学の本は 1152 冊あります。この図書館には全部で何冊の本がありますか。

4 下の帯グラフは，ある施設(しせつ)の利用者の割合を年齢階級(ねんれいかいきゅう)別(べつ)に表したものです。次の問いに答えなさい。

年齢階級別の人数の割合

(1) 15 歳(さい)未満の人数と 60 歳以上の人数を合わせた数は，15 歳以上 60 歳未満の人数の何倍ですか。

(2) 15 歳以上 60 歳未満の利用者数は 325 人です。この施設の利用者数は全部で何人ですか。

4-3 場合の数

1 並べ方

☑チェック!

並べ方…いくつかのものを，順番を考えて並べること

例1　1, 2, 3 の3枚のカードを並べて，3けた
の数をつくるのに，何通りの数ができるかを考
えます。3けたの数は，百の位，十の位，一の
位の順に並べるので，

百の位 十の位 一の位

1　2　3

　　1が百の位のときは，123，132 の2通り
　　2が百の位のときは，213，231 の2通り
　　3が百の位のときは，312，321 の2通り
　　だから，2×3=6（通り）で，全部で6通りあります。

　このことを調べるとき，右のような図を
かく方法があります。並んでいることを線
でつないで表していて，いちばん右の線の
本数から，並べ方は6通りとわかります。

百の位 十の位 一の位

1 < 2 ── 3 …123
　　 3 ── 2 …132

2 < 1 ── 3 …213
　　 3 ── 1 …231

3 < 1 ── 2 …312
　　 2 ── 1 …321

テスト　次の問いに答えなさい。

(1) A，B，C の3人が横1列に並んで写真を撮ります。3人の並び方
は何通りありますか。

(2) 1, 2, 3, 4 の4枚のカードを並べてできる4けたの数は何通
りありますか。

答え　(1)　6通り　　(2)　24通り

2 組み合わせ方

組み合わせ方…いくつかのものから，順番は考えずにいくつか選ぶこと

例1 りんご，みかん，いちご，バナナの4種類の果物から2種類を選び
ます。果物の選び方が何通りあるかを考えます。

りんご，みかん，いちご，バナナを，それぞれ，り，み，い，バで
表すと，

りんごを選ぶ組み合わせは，りーみ，りーい，りーバ

みかんを選ぶ組み合わせは，みーり，みーい，みーバ

いちごを選ぶ組み合わせは，いーり，いーみ，いーバ

バナナを選ぶ組み合わせは，バーり，バーみ，バーい

このとき，りーみとみーり，りーバとバーりなどは，それぞれ同じ
組み合わせとなるので，全部の組み合わせは，次の6通りとなります。

りーみ，りーい，りーバ，みーい，みーバ，いーバ

このことを調べるとき，下のような図や表をかく方法があり，組み
合わせは全部で6通りとわかります。

り ＜ み①
　　 い②
　　 バ③

み ＜ い④
　　 バ⑤

い ― バ⑥

	り	み	い	バ
り		①	②	③
み			④	⑤
い				⑥
バ				

	①	②	③	④	⑤	⑥
り	○	○	○			
み	○			○	○	
い		○		○		○
バ			○		○	○

テスト A，B，C，Dの4つのチームで，野球の試合をします。どのチー
ムも，他のチームと1回ずつ試合をするとき，試合数は全部で何試
合になりますか。　　　　　　　　　　　　　　　　答え 6試合

重要
1 赤，青，黄，緑の4色のボールがあります。このボールを横1列に並べます。ボールの並べ方は全部で何通りありますか。

考え方
> 1番めから4番めまで並べる並べ方を具体的に図に表して考えます。

解き方 右のように，1番めが赤のときの並べ方を図で表すと，6通りある。

1番めが，青，黄，緑のときも6通りずつあるから，全部で，

6×4＝24(通り)ある。

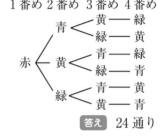

答え 24通り

重要
2 Aさん，Bさん，Cさん，Dさん，Eさんの5人の中から，2人の委員を選びます。選び方は全部で何通りありますか。

考え方
> (A，B)と(B，A)などを，同じものと考えるのか，異なるものと考えるのかを確かめます。

解き方 たとえば，AさんとBさんを選ぶのと，BさんとAさんを選ぶのは，同じ2人の委員だから，同じものと考える。

2人の選び方を図や表で表すと次のようになる。

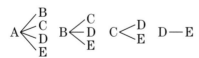
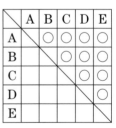

2人の委員の選び方は，全部で10通りある。

答え 10通り

重要
1 ⓪, ④, ⑤, ⑥の4枚のカードがあります。この中から3枚を横に並べて，3けたの整数をつくります。

(1) 整数は全部で何通りできますか。

(2) 奇数は何通りできますか。

考え方 (1) 0 は百の位には使えないことに注意します。

解き方 百の位になる数字は4，5，6だから，カードの並べ方を図に表すと，下の図ようになる。

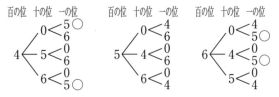

(1) 3けたの整数は全部で 18 通りできる。　　**答え** 18 通り

(2) 一の位が奇数の場合なので，一の位が5になるときである。上の図の○をつけた整数の4通りとなる。　　**答え** 4 通り

2 赤，青，黄，緑，紫の5色の絵の具から何色かを混ぜて別の色をつくります。

(1) 2色を混ぜるとき，色の選び方は何通りありますか。

(2) 4色を混ぜるとき，色の選び方は何通りありますか。

考え方 (2) 5色のうち4色を選ぶのは残り1色を選ぶのと同じことです。

解き方 (1) 2色の選び方は，下の図のようになる。

答え 10 通り

(2) 使わない1色の選び方は5通りある。　　**答え** 5 通り

1 父母2人と，子ども3人が横1列に並んで写真を撮ります。両端が父と母になるように並ぶ並び方は何通りありますか。

考え方 父と母の並び方と，子ども3人の並び方を分けて考えます。

解き方 子ども3人をA，B，Cで表すと，3人の並び方は，次の図のように6通りある。

$$A<\begin{matrix}B-C\\C-B\end{matrix} \qquad B<\begin{matrix}A-C\\C-A\end{matrix} \qquad C<\begin{matrix}A-B\\B-A\end{matrix}$$

父と母の並び方は，次の図のように2通りある。

父—(子ども3人)—母   母—(子ども3人)—父

子どもの6通りの並び方それぞれに対して，父と母の並び方が2通りずつあるから，並び方は全部で，

6×2=12(通り)

答え 12通り

2 大小2つのさいころを同時に振ります。

(1) 目の出方は全部で何通りありますか。

(2) 出る目の数の積が20以上になる目の出方は，全部で何通りありますか。

解き方 (1) 大きいさいころの目の出方は6通り，小さいさいころの目の出方は6通りだから，目の出方は全部で，

6×6=36(通り)

答え 36通り

(2) 右の表に，出る目の数の積を書くと，20以上になるのは○で囲んだところだから，8通りある。 答え 8通り

大\小	1	2	3	4	5	6
1	1	2	3	4	5	6
2	2	4	6	8	10	12
3	3	6	9	12	15	18
4	4	8	12	16	⃝20	⃝24
5	5	10	15	⃝20	⃝25	⃝30
6	6	12	18	⃝24	⃝30	⃝36

・練習問題・

答え：別冊 p.32 ～ p.33

重要
1　A，B，C，Dの4人が縦1列に並んで歩きます。次の問いに答えなさい。

(1)　Aが先頭になるとき，残り3人の並び方は何通りありますか。

(2)　4人の並び方は全部で何通りありますか。

重要
2　右の図の3つの部分ア，イ，ウにそれぞれ異なる色を塗ります。赤，青，黄，緑の4色から3色を選んで使うとき，色の塗り方は何通りありますか。

重要
3　0，2，3，4の4枚のカードがあります。この中から3枚を並べて，3けたの数をつくります。次の問いに答えなさい。

(1)　全部で何通りできますか。

(2)　10の倍数は何通りできますか。

重要
4　はるさんとあきさんがじゃんけんを1回するとき，次の問いに答えなさい。

(1)　2人の手の出し方は全部で何通りありますか。

(2)　はるさんが勝つ場合は何通りありますか。

重要

5 　バニラ，チョコレート，いちご，ソーダの4種類のアイスクリームがあります。次の問いに答えなさい。

(1) 　4種類の中から異なる2種類を選ぶとき，選び方は何通りありますか。

(2) 　4種類の中から異なる3種類を選ぶとき，選び方は何通りありますか。

6 　10円玉，50円玉，100円玉，500円玉が1枚ずつあります。これらのお金のうち2枚を組み合わせてできる金額は，全部で何通りありますか。

7 　あるレストランには，右のようなランチメニューがあります。

メイン	サイド	ドリンク
・ハンバーグ	・サラダ	・オレンジジュース
・チキンステーキ	・スープ	・コーヒー
・唐揚げ		

メイン料理は，ハンバーグ，チキンステーキ，唐揚げの3種類，サイドメニューは，サラダ，スープの2種類，ドリンクはオレンジジュース，コーヒーの2種類からそれぞれ1種類ずつ選ぶことができます。ランチメニューの選び方は全部で何通りありますか。

8 　右の図のように，16個の点が等しい間隔でならんでいます。これらの点のうちの4個の点を頂点とする正方形は全部でいくつできますか。

4-4 データの分布

1 度数分布表

☑ チェック！

度数分布表…データをいくつかの区間に分けて散らばりのようすを示した表

階級…データを区切るときの，1つ1つの区間

階級の幅…データを区切るときの区間の幅

度数…各階級に入るデータの個数

累積度数…最小の階級からある階級までの度数を加えたもの

相対度数…各階級の度数の，全体に対する割合

$$相対度数＝\frac{その階級の度数}{度数の合計}$$

累積相対度数…最小の階級からある階級までの相対度数を加えたもの

例1　たかしさんのクラスの 30 人のハンドボール投げの記録は次のようになっています。

(m)

8, 8, 9, 9, 10, 10, 11, 11, 11, 11,
12, 14, 15, 17, 20, 21, 21, 21, 22, 24,
25, 25, 25, 26, 26, 27, 27, 27, 30, 31

右の表は，上の結果を，階級の幅を 4m にした度数分布表にまとめたものです。

たとえば，20m 以上 24m 未満の階級の度数は 5 人，相対度数は，5÷30＝0.166… より 0.17 です。また，20m 以上 24m 未満の階級の累積度数は，10＋3＋1＋5＝19(人)，累積相対度数は，0.33＋0.10＋0.03＋0.17 ＝0.63 です。

ハンドボール投げの記録

階級 (m)	度数(人)
8 以上 〜 12 未満	10
12 〜 16	3
16 〜 20	1
20 〜 24	5
24 〜 28	9
28 〜 32	2
合計	30

2 ヒストグラム

ヒストグラム…階級の幅を横，度数を縦とする長方形を並べたグラフ

例1　前のページの30人のハンドボー
　　ル投げの記録の度数分布表から，階
　　級の幅が4mのままヒストグラムを
　　つくると，①のようになります。

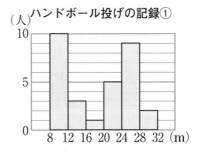

（人）ハンドボール投げの記録①

　　ヒストグラムに表すと，データの
　　散らばりのようすが形として見やす
　　くなります。

例2　同じデータから，階級の幅が異な
　　るヒストグラムをつくることもでき
　　ます。②は，階級の幅8mでつくっ
　　たヒストグラムです。

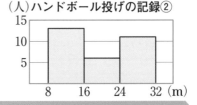

（人）ハンドボール投げの記録②

3 代表値と散らばり

範囲…データの最大の値から最小の値をひいた値

　　　　範囲＝最大値−最小値

階級値…階級の真ん中の値

平均値…個々のデータの値の合計を，データの総数でわった値

中央値（メジアン）…データを大きさの順に並べたときの中央の値

　　　　　　データの総数が偶数の場合は，中央にある2つの

　　　　　　値の平均を中央値とします。

最頻値（モード）…データの中でもっとも多く出てくる値

　　　　　　度数分布表などでは，度数のもっとも多い階級の階

　　　　　　級値を最頻値とします。

例1 30 人のハンドボールのデータの範囲は，31−8＝23(m)です。

例2 30 人のハンドボールのデータにおいて，①のヒストグラムの20m 以上 24m 未満の階級の階級値は，(24＋20)÷2＝22(m)です。

例3 30 人のハンドボール投げのデータでは，平均値が 18.5m，中央値 が 20.5m です。最頻値は，データから求めると 11m で，度数分布表 から求めると 10m です。

例4 30 人のハンドボール投げのデータについて，①のヒストグラムに代表値を対応させると，右のようになります。このデータのように，男子と女子が混じるなど偏った分布の場合，平均値，中央値，最頻値は近い値にならないことが多いです。

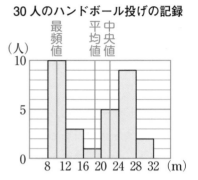

30 人のハンドボール投げの記録

例5 30 人のハンドボール投げのデータを男子 15 人と女子 15 人に分け，それぞれヒストグラムに表すと，下のようになります。

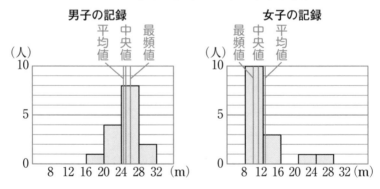

このように，ヒストグラムの分布はいろいろな形になります。分布の形によって代表値の位置が変わるので，代表値を選ぶときには注意することが大切です。

重要 1 右の度数分布表は，たけしさんのクラスの生徒 40 人の通学時間をまとめたものです。

(1) 表の⑦にあてはまる数を求めなさい。

(2) 階級の幅を書きなさい。

(3) 通学時間が長いほうから数えて 10 番めの人はどの階級に入っていますか。

(4) 最頻値を求めなさい。

通学時間

階級(分)	度数(人)
0 以上～ 5 未満	2
5 ～ 10	5
10 ～ 15	12
15 ～ 20	10
20 ～ 25	7
25 ～ 30	3
30 ～ 35	⑦
合計	40

第 **4** 章 データの活用に関する問題

考え方 (4)度数のもっとも多い階級を探します。

解き方 (1) 各階級の度数の和が 40 だから，
40－(2＋5＋12＋10＋7＋3)＝40－39＝1

答え 1

(2) 階級は 5 分ずつに区切られているから，階級の幅は 5 分である。

答え 5 分

(3) 合計を除いて，表の下の行から度数をたしていくと，下から 2 行めまでは，1＋3＝4(人)，下から 3 行めまでは，4＋7＝11(人)だから，通学時間が長いほうから数えて 10 番めの人は，下から 3 行めの階級に入っているとわかる。

答え 20 分以上 25 分未満

(4) 度数がもっとも多いのは 10 分以上 15 分未満の階級だから，最頻値は，
(10＋15)÷2＝12.5(分)

答え 12.5 分

　右のヒストグラムは，みきさ
んのクラスの生徒 25 人のある
日のテレビの視聴時間をまとめ
たものです。視聴時間が 60 分
以上 80 分未満の階級の累積相
対度数を求めなさい。

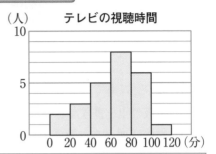

 累積相対度数…最小の階級からある階級までの相対度数を加えた
もの

解き方1 80 分未満の 4 つの階級の相対度数を求め，それらをたす。

　0 分以上 20 分未満の階級の相対度数は，$2 \div 25 = 0.08$

　20 分以上 40 分未満の階級の相対度数は，$3 \div 25 = 0.12$

　40 分以上 60 分未満の階級の相対度数は，$5 \div 25 = 0.20$

　60 分以上 80 分未満の階級の相対度数は，$8 \div 25 = 0.32$

　よって，視聴時間が 60 分以上 80 分未満の階級の累積相対度数は，

　$0.08 + 0.12 + 0.20 + 0.32 = 0.72$

解き方2 80 分未満の 4 つの階級の度数の合計を求め，25 でわる。

　60 分以上 80 分未満の階級の累積度数は，$2 + 3 + 5 + 8 = 18$（人）

　よって，視聴時間が 60 分以上 80 分未満の階級の累積相対度数は，

　$18 \div 25 = 0.72$

解き方3 80 分以上の人の，全体に対する割合を求め，1 からひく。

　80 分以上 100 分未満の階級の度数は 6 人，

　100 分以上 120 分未満の階級の度数は 1 人なので，

　80 分以上の人の，全体に対する割合は，$7 \div 25 = 0.28$ となる。

　よって，視聴時間が 60 分以上 80 分未満の階級の累積相対度数は，

　$1 - 0.28 = 0.72$

答え 0.72

重要
2 右のヒストグラムは，あるク
ラスの男子20人の握力(あくりょく)を調べ
てまとめたものです。

(1) 握力が25kg以上30kg未満
の階級の累積度数を求めなさい。

(2) 20人の記録の平均値(へいきんち)を求め
なさい。

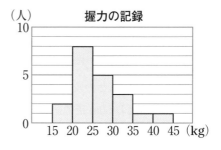

考え方 (2)度数分布表(どすうぶんぷひょう)やヒストグラムから平均値を求めるときは，次の方
法を用いることがあります。

① 各階級の階級値を求め，各階級の(階級値)×(度数)をそれ
ぞれ計算する。

② 各階級で求めた①の値の合計を求める。

③ ②の値を度数の合計でわり，その値を平均値とする。

解き方 (1) 15kg以上20kg未満の階級の度数は2人

20kg以上25kg未満の階級の度数は8人

25kg以上30kg未満の階級の度数は5人

よって，握力が25kg以上30kg未満の階級の累積度数は，

2+8+5=15(人) **答え** 15人

(2) 階級や度数について，以下のようにまとめる。

階級(kg)	階級値 (kg)	度数 (人)	(階級値)×(度数)
15以上〜20未満	17.5	2	35.0
20 〜25	22.5	8	180.0
25 〜30	27.5	5	137.5
30 〜35	32.5	3	97.5
35 〜40	37.5	1	37.5
40 〜45	42.5	1	42.5
合計		20	530.0

上の表より，平均値は，530÷20=26.5(kg)

答え 26.5kg

1　下のヒストグラムは，1組の男子20人と2組の男子20人の50m
走の記録をまとめたものです。

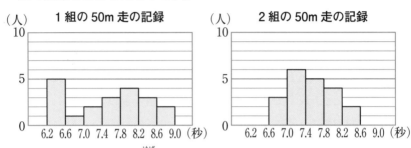

(1)　1組と2組の階級の幅をそれぞれ書きなさい。

(2)　1組と2組の中央値を含む階級をそれぞれ書きなさい。

(3)　1組と2組の最頻値をそれぞれ求めなさい。

(4)　1組と2組の6.6秒以上7.0秒未満の階級の累積相対度数をそれぞ
れ求めなさい。

(5)　1組と2組のうち，記録がよいと考えられるほうを選び，その理由
について，ヒストグラムの特徴を比較して説明しなさい。

考え方 (5)累積相対度数，最頻値，中央値，平均値などの違いや，ヒスト
グラムの特徴などを読みとって，比較します。

解き方 (1)　1組の階級の幅は，0.4秒
　　　　　2組の階級の幅は，0.4秒

答え　1組…0.4秒　2組…0.4秒

(2)　1組も2組も20人だから，10番めと11番めが入る階級になる。
　　　1組も2組も7.4秒以上7.8秒未満の階級に入っている

答え　1組…7.4秒以上7.8秒未満　2組…7.4秒以上7.8秒未満

(3) 1組の度数のもっとも多い階級は 6.2 秒以上 6.6 秒未満の階級
だから，(6.2＋6.6)÷2＝6.4(秒)

2組の度数のもっとも多い階級は 7.0 秒以上 7.4 秒未満の階級
だから，(7.0＋7.4)÷2＝7.2(秒)

答え 1組… 6.4 秒　2組… 7.2 秒

(4) 1組の 7.0 秒未満の階級の累積度数は，5＋1＝6(人)

2組の 7.0 秒未満の階級の累積度数は 3 人だから，

6.6 秒以上 7.0 秒未満の階級の累積相対度数は，

1組は，6÷20＝0.3，2組は，3÷20＝0.15

答え 1組… 0.3　2組… 0.15

(5) 6.6 秒以上 7.0 秒未満の階級の累積相対度数で比較する場合，
1組は 0.3 で，2組は 0.15 だから，1組のほうがよい。

8.2 秒以上の記録の度数で比較する場合，1組は 5 人，2組は 2
人だから，2組のほうがよい。

最頻値で比較する場合，1組は 6.4 秒，2組は 7.2 秒だから，
1組のほうがよい。

平均値で比較する場合，(階級値×度数)の合計を度数の合計で
わればよいから，1組は，(6.4×5＋6.8×1＋7.2×2＋7.6×3＋8.0
×4＋8.4×3＋8.8×2)÷20＝7.54(秒)で，2組 は，(6.8×3＋7.2
×6＋7.6×5＋8.0×4＋8.4×2)÷20＝7.52(秒)だから，2組のほ
うがよい。

答え (例1)1組　理由… 1組のほうが 6.6 秒以上 7.0 秒未満の階級の累
積相対度数が大きいから，1組を選ぶ。

(例2)1組　理由… 1組のほうが最頻値が小さいから，1組を選ぶ。

(例3)2組　理由… 2組のほうが 8.2 秒以上の記録の度数が少ない
から，2組を選ぶ。

(例4)2組　理由… 2組のほうが平均値が小さいから，2組を選ぶ。

重要
1 　右の表は，あやかさんのク
ラスの女子 20 人の 50m 走の
記録を度数分布表にまとめた
ものです。次の問いに答えな
さい。

50m 走の記録

記録（秒）	度数（人）
以上　　未満	
7.5 ～ 8.0	3
8.0 ～ 8.5	6
8.5 ～ 9.0	8
9.0 ～ 9.5	2
9.5 ～ 10.0	1
合計	20

(1) 中央値を含む階級を書きな
さい。

(2) 最頻値を求めなさい。

(3) 記録が 9.0 秒以上の生徒の人数は全体の何％ですか。

重要
2 　右の図は，たつやさ
んのクラスの 25 人の
数学のテストの点数の
結果をヒストグラムに
まとめたものです。次
の問いに答えなさい。

数学のテストの点数

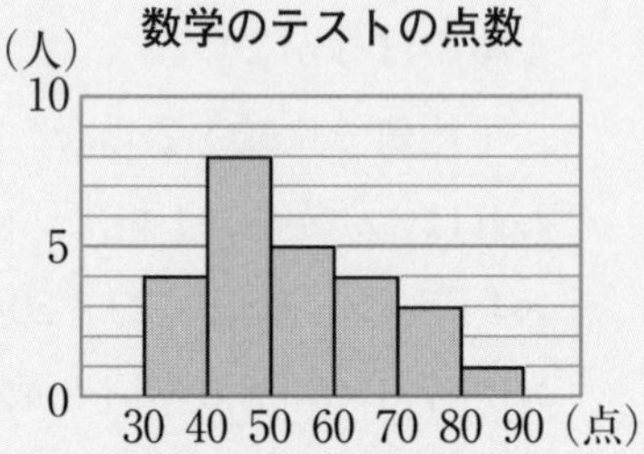

(人)

(1) 階級の幅は何点ですか。

(2) 中央値を含む階級を書きなさい。

(3) たつやさんのテストの点数は 49 点です。たつやさん
のテストの点数はクラスの中では低いほうですか。それ
とも高いほうですか。理由をつけて答えなさい。

3 　右の表は，あきらさんのクラスの生徒 40 人の先週の読書時間を調べて，度数分布表にまとめたものです。次の問いに答えなさい。

先週の読書時間

階級（分）	度数（人）
以上　　未満	
0 ～ 30	5
30 ～ 60	9
60 ～ 90	13
90 ～ 120	7
120 ～ 150	6
合計	40

(1)　読書時間が 120 分以上 150 分未満の階級の相対度数を求めなさい。

(2)　読書時間が 60 分以上 90 分未満の階級の累積相対度数を求めなさい。

4 　右の表は，ある農家でとれたみかんの重さを 1 個ずつ調べてヒストグラムに表したものです。この

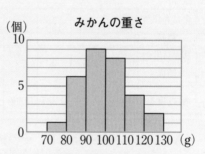

みかんの重さ

ヒストグラムからわかることについて，下の⑦〜㋒の中から正しいものを 1 つ選びなさい。

　　⑦　階級の幅は 5g である。

　　㋑　中央値は 100g 以上 110g 未満の階級に入っている。

　　㋒　最頻値は 9 個である。

　　㋓　重さの分布の範囲は 60g 未満である。

4-5 確率

確率…あることがらが起こると期待される程度を表す数

例1　右の図のような，途中で2つに分かれたパイプ
があり，Aにボールを入れると，B，Cのどちら
かから出てくるようになっています。このとき，
Bから出た相対度数を，入れる回数を増やしなが
ら調べて表にまとめました。

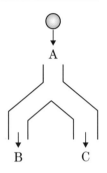

$$(\text{Bから出た相対度数}) = \frac{(\text{Bから出た回数})}{(\text{Aに入れた回数})}$$

Aに入れた回数	50	100	150	200	250	300	350	400	450	500
Bから出た回数	21	45	58	72	95	122	144	160	177	202
相対度数	0.420	0.450	0.387	0.360	0.380	0.407	0.411	0.400	0.393	0.404

　Aに入れる回数を増やし，その結果を次のようにグラフにしました。
大きくばらついていた相対度数は，Aに入れる回数が増えるにつれ
てばらつきが小さくなり，0.4に近づいていることがわかります。

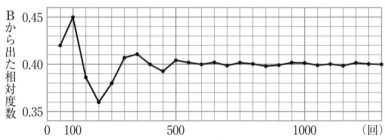

　このことから，Aから入れたボールがBから出てくる確率は0.4
と考えることができます。

重要 1 下の表は，1個のさいころを何回も振って，振った回数と，1の目が出た回数を記録したものです。

振った回数	1の目が出た回数	相対度数
50	8	㋐
100	16	㋑
150	23	㋒
200	35	㋓
250	41	㋔

(1) 表の㋐〜㋔にあてはまる数を求めなさい。答えは，小数第4位を四捨五入して求めなさい。

(2) さいころを振った回数を増やしてグラフをかくと下のようになりました。グラフから，1の目が出る確率はどの程度と考えられますか。

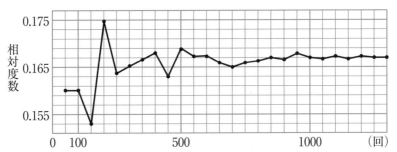

解き方 (1) （1の目が出た回数）÷（振った回数）を計算する。

答え ㋐…0.160　㋑…0.160　㋒…0.153
㋓…0.175　㋔…0.164

(2) グラフより，1の目が出る確率は，0.167に近づくと考えられる。

答え 0.167

応用問題

重要 **1** 次の表は1個のボタンをくり返し投げたときに，裏 向きになる回数を数えた結果をまとめたものです。

投げた回数	50	100	1000	2000	3000	4000	…	7000
裏向きになった回数	16	34	362	702	②	1396	…	③
裏向きになった割合	0.320	0.340	0.362	①	0.347	0.349	…	

(1) ①，②にあてはまる数を求めなさい。

(2) ボタンを投げる回数を増やしたとき，裏向きになる割合はどのよう に変化しますか。下の㋐～㋓の中から正しいものを1つ選びなさい。

　　㋐　割合は大きくなったり小さくなったりして，特徴がない。

　　㋑　割合はばらつきが小さくなり，その値は 0.5 に近づく。

　　㋒　割合はばらつきが小さくなり，その値は 0.35 に近づく。

　　㋓　割合はばらつきがなく，その値は 0.35 で一定である。

(3) ③にあてはまると考えられる数を求めなさい。

考え方 (1)(裏向きになった割合)＝(裏向きになった回数)÷(投げた回数)
(2)回数が増えるにつれ近づく値に注目します。

解き方 (1)　①… 702÷2000＝0.351　②… 3000×0.347＝1041

　　　　　　　　　　　　　　　答え　①… 0.351，②… 1041

(2)　ボタンが裏向きになる割合(確率)は，投げる回数を増やすほど 1つの値に近づいていく。このボタンの場合は 0.35 と考えられる。

　　　　　　　　　　　　　　　　　　　　　　　　　答え　㋒

(3)　(2)より，割合を 0.35 と考えて，7000×0.35＝2450　**答え**　2450

・発展問題・

1 　昔の日本の子どもたちは「明日天気になあれ」と言いながら，はいていたぞうりをけるようにしてほうり出して，ぞうりが地面に落ちたときに，表を向くか，裏を向くかで，次の日の天気を占っていました。ひろこさんとゆきこさんは，それぞれが持っているサンダルを何回もほうり出してみて，表向きになる回数を調べました。次の表は，それぞれがサンダルを投げた回数と，そのうち表向きになった回数の結果をまとめたものです。

	投げた回数	表向きになった回数	裏向きになった回数
ひろこさんのサンダル	250	148	102
ゆきこさんのサンダル	320	186	134

　ひろこさんとゆきこさんのどちらのサンダルが表向きになりやすいかを調べるためには，上の表の結果をどのように比べればよいですか。下の⑦〜⓪の中から正しいものを1つ選びなさい。

　⑦　表向きになった回数が多いほうが表向きになりやすい。

　⑦　裏向きになった回数が少ないほうが表向きになりやすい。

　⑦　表向きになった回数と裏向きになった回数の差が大きいほうが表向きになりやすい。

　⓪　投げた回数に対する表向きになった回数の割合が大きいほうが表向きになりやすい。

解き方 投げた回数(もとになる数)がちがうデータどうしで，⑦，⑦，⑦のように比べることはできない。確率は割合で考える。

答え ⓪

1 　右の図のような，左右に分かれたところが，A，B，Cの3か所あるパイプがあり，㋐からボールを入れると，㋑，㋒，㋓，㋔のいずれかから出てきます。1個のボールを㋐から入れて，㋑，㋒，㋓，㋔のどこから出てくるかを，

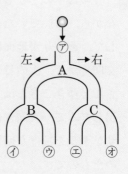

繰り返し5000回行った結果，㋑から1482回，㋒から1498回，㋓から1118回，㋔から902回出てきました。

　A，B，Cの3つの分かれ目で，ボールが左に行く割合，右に行く割合をそれぞれ求めて，次の表を完成させなさい。答えは，小数第3位を四捨五入して求めなさい。

	A	B	C
左に行く割合			
右に行く割合			

重要
2 　1枚のコインを何回か投げます。このとき，コインの表と裏の出方について，どのようなことがいえますか。下の㋐～㋓の中から正しいものを1つ選びなさい。コインの表と裏の出る確率は等しいものとします。

　㋐　コインを2回投げるとき，1回は必ず裏が出る。

　㋑　コインを5回投げるとき，表が5回出ることはない。

　㋒　コインを20回投げるとき，必ず表が10回出る。

　㋓　コインを5000回投げるとき，表が出る回数の割合と裏が出る回数の割合はほとんど同じになる。

数学検定 特有問題

第 5 章

数学検定では, 検定特有の問題が出題されます。
規則や法則を捉えてしくみを考察する問題や,
ことがらを整理して論理的に判断する問題など,
数学的な思考力や判断力が必要となるような,
さまざまな種類の問題が出題されます。

・・・・・・・・・・・・・・・・ · 練習問題 · ・・・・・・・・・・・・・・・・

答え：別冊 p.36 〜 39

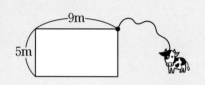

1　右の図のように，縦の長さが 5m，横の長さが 9m の長方形の小屋があり，小屋のまわりには牧草が生えています。小屋のすみに牛が長さ 10m のロープでつながれています。この牛が食べることができる牧草の範囲の面積を求めなさい。ただし，円周率は π とします。

2　ななさんのクラスで，クラス委員を投票で選ぶことにしました。クラスの人数は 40 人で，たかしさん，ひろみさん，みさきさんが立候補しました。32 票開票したところで，たかしさんは 5 票，ひろみさんは 12 票，みさきさんは 15 票でした。ひろみさんが確実に当選するにはあと何票必要ですか。

3 A，B，C，Dの4人が互いの徒競走の順位について話していますが，1人だけうそをついている人がいます。うそをついている人と，4人の正しい順位を答えなさい。ただし，4人の順位は異なるものとします。

A 「私は4位だった」
B 「私は1位か3位だった」
C 「私は1位だった」
D 「私はBさんより速かった」

4 地球の陸地と海の面積について，北半球のうちのおよそ$\frac{2}{5}$が陸地で，海はそのおよそ$\frac{4}{7}$は南半球にあるといわれています。次の問いに答えなさい。

(1) 北半球の海の面積と南半球の海の面積の比を，もっとも簡単な整数の比で表しなさい。

(2) 北半球の陸地の面積は，南半球の陸地の面積の何倍ですか。

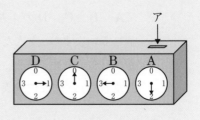

5 たけしさんは右の図のような1円玉だけを入れる貯金箱を作りました。この貯金箱には，0，1，2，3の目もりと針がついた4つのメーターがついています。アのところに1円玉を1枚入れるごとにAのメーターの針が0→1→2→3→0→…と1つずつ進みます。そして，Aの針が1回転するごとに，Bの針が0→1→2→3→0→…と1つずつ進み，Bの針が1回転するごとにCの針が0→1→2→3→0→…と1つずつ進み，Cの針が1回転するごとにDの針が0→1→2→3→0→…と進みます。また，たとえば，針が上の図のようになっているときは，4つのメーターを〔1032〕と読むことにします。はじめは貯金箱は空の状態で，メーターは〔0000〕であるとします。次の問いに答えなさい。

(1) はじめてCのメーターが1を指すのは，1円玉を何枚入れたときですか。

(2) メーターがはじめて〔2130〕になりました。1円玉を何枚入れましたか。

(3) 200円入れたときのメーターを〔　　〕で答えなさい。

(4) 222円入れたときのメーターを〔　　〕で答えなさい。

(5) 1円玉を入れ始めてからはじめて〔0000〕に戻るのは1円玉を何枚入れたときですか。

6　1から200までの整数を，3でわったあまりの違いで分類することにします。次の表は，3でわって1あまる数をAグループ，3でわって2あまる数をBグループ，3でわってわり切れる（あまり0）の数をCグループとして小さい順にまとめたものです。たとえば，8はBグループの3列に入っています。また，表は200を書いたところで終わります。次の問いに答えなさい。

グループ ＼ 列	1	2	3	4	……	㋐
A〔あまり1〕	1	4	7	10	……	㋑
B〔あまり2〕	2	5	8	…	……	㋒
C〔あまり0〕	3	6	9	…	……	㋓

(1)　表の最後の列の㋐〜㋓にあてはまる数を求めなさい。数が入らないところは「ない」と答えなさい。

(2)　70はどのグループの何列に入りますか。

(3)　50列に入る3つの数の和を求めなさい。

(4)　ある列に入る3つの数の和が348になりました。この列は何列ですか。

(5)　Cグループに並ぶすべての数の和を求めなさい。

●執筆協力：有限会社マイプラン
●DTP：株式会社 明昌堂
●装丁デザイン：星 光信（Xing Design）
●装丁イラスト：たじま なおと

●編集担当：加藤 龍平・藤原 綾依・阿部 加奈子

実用数学技能検定 要点整理 数学検定5級

2021年 4 月30日　初　版発行
2024年 6 月27日　第4刷発行

編　　者　　公益財団法人 日本数学検定協会

発 行 者　　髙田 忍

発 行 所　　公益財団法人 日本数学検定協会
　　　　　　〒110-0005 東京都台東区上野五丁目1番1号
　　　　　　FAX 03-5812-8346
　　　　　　https://www.su-gaku.net/

発 売 所　　丸善出版株式会社
　　　　　　〒101-0051 東京都千代田区神田神保町二丁目17番
　　　　　　TEL 03-3512-3256　FAX 03-3512-3270
　　　　　　https://www.maruzen-publishing.co.jp/

印刷・製本　　株式会社ムレコミュニケーションズ

ISBN978-4-901647-92-2　C0041

実用数学技能検定® 数検

要点整理 5級

〈別冊〉
解答と解説

5

公益財団法人 日本数学検定協会

1・1 小数のかけ算・わり算 (p. 19)

解答

1　(1)　65.57　(2)　0.5402

　　　(3)　4.8　(4)　31 あまり 0.13

2　7.2kg

3　2.56 倍

4　0.6m²

5　6.8m

解説

1

(1)
```
      8.3
    × 7.9
    7 4 7
  5 8 1
  6 5.5 7
```

答え　65.57

(2)
```
      1.4 6
    × 0.3 7
    1 0 2 2
    4 3 8
  0.5 4 0 2
```

答え　0.5402

(3)
```
            4.8
  3、5)1 6、8.
        1 4 0
          2 8 0
          2 8 0
              0
```

答え　4.8

(4)
```
            3 1
  0、17)5、4
        5 1
          3 0
          1 7
        0.1 3
```

答え　31 あまり 0.13

2

　7.5L の重さを求めるか
ら，0.96kg を 7.5 倍する。

$0.96 \times 7.5 = 7.2(kg)$

```
      0.9 6
    ×   7.5
      4 8 0
    6 7 2
    7.2 0 0
```

答え　7.2kg

3

　赤色のロープの
長さを白色のロー
プの長さでわる。

$19.2 \div 7.5$
$= 2.56(倍)$

```
              2.5 6
  7,5)1 9,2
        1 5 0
          4 2 0
          3 7 5
            4 5 0
            4 5 0
                0
```

答え　2.56 倍

4

　1dL で塗ることがで
きる面積を求めるから，
4.68m² を 7.8L でわる。

$4.68 \div 7.8 = 0.6(m^2)$

```
              0.6
  7,8)4,6.8
        4 6 8
            0
```

答え　0.6m²

5

　長方形の面積＝縦
×横より，36.72m² を
5.4m でわる。

$36.72 \div 5.4$
$= 6.8(m)$

```
              6.8
  5,4)3 6,7.2
        3 2 4
          4 3 2
          4 3 2
              0
```

答え　6.8m

1-2 偶数と奇数，倍数と約数 P.25

解答

1 (1) 72　　(2) 60

2 (1) 5　　(2) 8

3 (1) 36秒後　　(2) 9回

4 (1) 18cm　　(2) 15枚(まい)

解説

1

(1) 24の倍数は，24，48，72，…，
36の倍数は，36，72，…だから，
24と36の最小公倍数は72である。

答え 72

(2) 4の倍数は，4，8，12，…
6の倍数は，6，12，…だから，
4と6の最小公倍数は12である。
12の倍数は，12，24，36，48，
60，…，
10の倍数は，10，20，30，40，
50，60，…だから，
12と10の最小公倍数は60である。
4と6と10の最小公倍数も60である。

答え 60

2

(1) 15の約数は，1，3，5，15，
25の約数は，1，5，25だから，
15と25の最大公約数は5である。

答え 5

(2) 16の約数は，1，2，4，8，16，
24の約数は，1，2，3，4，6，8，
12，24，
40の約数は，1，2，4，5，8，10，
20，40だから，
16と24と40の最大公約数は8である。

答え 8

3

(1) 12と18の最小公倍数は36だから，
次の2種類の花火が同時に打ち上げられるのは，36秒後となる。

答え 36秒後

(2) 5分＝300秒より，
300÷36＝8あまり12
午後8時も含めると，求める回数は
8＋1＝9(回)である。

答え 9回

4

(1) 縦(たて)54cm，横90cmの紙をあまりが出ないように，できるだけ大きな正方形に切り分けるためには，正方形の1辺の長さを54と90の最大公約数にすればよい。54と90の最大公約数は18だから，正方形の1辺の長さは18cmとなる。

答え 18cm

(2) (1)より，正方形の1辺の長さは18cmだから，長方形の紙は，縦に，
54÷18＝3(等分)，横に，90÷18＝5(等分)される。切り分けられる正方形の紙の枚数は，3×5＝15(枚)

答え 15枚

1-3 分数のたし算・ひき算

1-3 分数のたし算・ひき算 $\binom{P.}{31}$

解答

1 (1) $\dfrac{14}{15}$　(2) $\dfrac{193}{24}\left(8\dfrac{1}{24}\right)$

(3) $\dfrac{1}{12}$　(4) $\dfrac{259}{36}\left(7\dfrac{7}{36}\right)$

(5) $\dfrac{25}{42}$　(6) $\dfrac{21}{5}\left(4\dfrac{1}{5}\right)$

2 (1) $\dfrac{16}{40}$　(2) $\dfrac{41}{8}\left(5\dfrac{1}{8}\right)$

(3) $\dfrac{7}{10}$

3 (1) $\dfrac{3}{2}\left(1\dfrac{1}{2}\right)$m

(2) $\dfrac{49}{8}\left(6\dfrac{1}{8}\right)$m

解説

1

(1) $\dfrac{5}{6}+\dfrac{1}{10}=\dfrac{25}{30}+\dfrac{3}{30}=\dfrac{\overset{14}{\cancel{28}}}{\underset{15}{\cancel{30}}}=\dfrac{14}{15}$

　　　　　　答え $\dfrac{14}{15}$

(2) $2\dfrac{7}{8}+5\dfrac{1}{6}=2\dfrac{21}{24}+5\dfrac{4}{24}=8\dfrac{1}{24}$

　　　　　　答え $\dfrac{193}{24}\left(8\dfrac{1}{24}\right)$

(3) $\dfrac{3}{4}-\dfrac{2}{3}=\dfrac{9}{12}-\dfrac{8}{12}=\dfrac{1}{12}$ **答え** $\dfrac{1}{12}$

(4) $10\dfrac{5}{12}-3\dfrac{2}{9}=10\dfrac{15}{36}-3\dfrac{8}{36}=7\dfrac{7}{36}$

　　　　　　答え $\dfrac{259}{36}\left(7\dfrac{7}{36}\right)$

(5) $\dfrac{2}{3}-\dfrac{1}{7}+\dfrac{1}{14}=\dfrac{28}{42}-\dfrac{6}{42}+\dfrac{3}{42}=\dfrac{25}{42}$

　　　　　　答え $\dfrac{25}{42}$

(6) $5\dfrac{5}{12}-\left(1\dfrac{3}{4}-\dfrac{8}{15}\right)$

$=5\dfrac{5}{12}-\left(1\dfrac{45}{60}-\dfrac{32}{60}\right)$

$=5\dfrac{25}{60}-1\dfrac{13}{60}$

$=4\dfrac{\overset{1}{\cancel{12}}}{\underset{5}{\cancel{60}}}$

$=4\dfrac{1}{5}$　　　　**答え** $\dfrac{21}{5}\left(4\dfrac{1}{5}\right)$

2

(1) もとの分数は，$\dfrac{2}{5}$の分子と分母に同

じ数をかけたものだから，$\dfrac{2\times\bigcirc}{5\times\bigcirc}$と表

せる。この分子と分母の和が56だから，

$2\times\bigcirc+5\times\bigcirc=7\times\bigcirc=56$

$\bigcirc=8$だから，$\dfrac{2\times8}{5\times8}=\dfrac{16}{40}$

　　　　　　答え $\dfrac{16}{40}$

(2) ある数を□とすると，

$\square+1\dfrac{1}{2}-4\dfrac{1}{3}=2\dfrac{7}{24}$

$\square=2\dfrac{7}{24}+4\dfrac{8}{24}-1\dfrac{12}{24}$

$=6\dfrac{15}{24}-1\dfrac{12}{24}=5\dfrac{\overset{1}{\cancel{3}}}{\underset{8}{\cancel{24}}}$

$=5\dfrac{1}{8}$　　　　**答え** $\dfrac{41}{8}\left(5\dfrac{1}{8}\right)$

5

(3) 求める分数を $\dfrac{\square}{10}$ として，$\dfrac{2}{3}$，$\dfrac{\square}{10}$，

$\dfrac{4}{5}$ を通分すると，$\dfrac{20}{30}$，$\dfrac{\square \times 3}{30}$，$\dfrac{24}{30}$ と

なることから，$\square \times 3$ は 21，22，23

のいずれかである。この中で分母が

10 の分数になるのは，$\square \times 3 = 21$ のと

きで，$\dfrac{21}{30} = \dfrac{7}{10}$　　答え $\dfrac{7}{10}$

3

(1) $3\dfrac{5}{6} - 2\dfrac{1}{3} = 3\dfrac{5}{6} - 2\dfrac{2}{6} = 1\dfrac{\overset{1}{\cancel{3}}}{\underset{2}{\cancel{6}}} = 1\dfrac{1}{2}$ (m)

答え $\dfrac{3}{2}\left(1\dfrac{1}{2}\right)$m

(2) 2 本のリボンの合計からのりしろの
部分をひいた長さが全体の長さにな
る。

$3\dfrac{5}{6} + 2\dfrac{1}{3} - \dfrac{1}{24} = 3\dfrac{20}{24} + 2\dfrac{8}{24} - \dfrac{1}{24}$

$= 5\dfrac{\overset{9}{\cancel{27}}}{\underset{8}{\cancel{24}}} = 5\dfrac{9}{8} = 6\dfrac{1}{8}$ (m)

答え $\dfrac{49}{8}\left(6\dfrac{1}{8}\right)$m

1-4 分数のかけ算・わり算　p.37

解答

1 (1) $\dfrac{3}{4}$　(2) $\dfrac{95}{6}\left(15\dfrac{5}{6}\right)$

(3) $\dfrac{7}{20}$　(4) $\dfrac{9}{5}\left(1\dfrac{4}{5}\right)$

(5) $\dfrac{1}{12}$　(6) $\dfrac{12}{25}$

2 (1) $\dfrac{9}{4}\left(2\dfrac{1}{4}\right)$kg

(2) $\dfrac{6}{5}\left(1\dfrac{1}{5}\right)$kg

(3) $\dfrac{13}{2}\left(6\dfrac{1}{2}\right)$kg

3 $\dfrac{20}{3}\left(6\dfrac{2}{3}\right)$m²

解説

1

(1) $\dfrac{5}{6} \times \dfrac{9}{10} = \dfrac{\overset{}{\cancel{5}} \times \overset{3}{\cancel{9}}}{\underset{2}{\cancel{6}} \times \underset{2}{\cancel{10}}} = \dfrac{3}{4}$　　答え $\dfrac{3}{4}$

(2) $5\dfrac{7}{10} \times 2\dfrac{7}{9} = \dfrac{57}{10} \times \dfrac{25}{9} = \dfrac{\overset{19}{\cancel{57}} \times \overset{5}{\cancel{25}}}{\underset{2}{\cancel{10}} \times \underset{3}{\cancel{9}}} = \dfrac{95}{6}$

答え $\dfrac{95}{6}\left(15\dfrac{5}{6}\right)$

(3) $\dfrac{3}{5} \div 1\dfrac{5}{7} = \dfrac{3}{5} \div \dfrac{12}{7} = \dfrac{\overset{1}{\cancel{3}} \times 7}{5 \times \underset{4}{\cancel{12}}} = \dfrac{7}{20}$

答え $\dfrac{7}{20}$

(4) $\dfrac{8}{5} \div \dfrac{8}{9} = \dfrac{\overset{1}{\cancel{8}} \times 9}{5 \times \underset{1}{\cancel{8}}} = \dfrac{9}{5}$

答え $\dfrac{9}{5}\left(1\dfrac{4}{5}\right)$

(5) $\dfrac{9}{10} \div 1\dfrac{7}{11} \div 6\dfrac{3}{5} = \dfrac{9}{10} \div \dfrac{18}{11} \div \dfrac{33}{5}$

$= \dfrac{\overset{1}{\cancel{9}} \times \overset{1}{\cancel{11}} \times \overset{1}{\cancel{5}}}{\underset{2}{\cancel{10}} \times \underset{2}{\cancel{18}} \times \underset{3}{\cancel{33}}} = \dfrac{1}{12}$　　答え $\dfrac{1}{12}$

(6) $2.8 \div 2\dfrac{1}{3} \times \dfrac{2}{5} = \dfrac{28}{10} \div \dfrac{7}{3} \times \dfrac{2}{5}$

$= \dfrac{\overset{4}{\cancel{28}} \times 3 \times \overset{1}{\cancel{2}}}{\underset{5}{\cancel{10}} \times \underset{1}{\cancel{7}} \times 5} = \dfrac{12}{25}$

答え $\dfrac{12}{25}$

2

(1) （全体の重さ）＝（1m の重さ）×（鉄の棒の長さ）より，

$\dfrac{5}{8} \times \dfrac{18}{5} = \dfrac{\overset{1}{\cancel{5}} \times \overset{9}{\cancel{18}}}{\underset{4}{\cancel{8}} \times \underset{1}{\cancel{5}}} = \dfrac{9}{4}$(kg)

答え $\dfrac{9}{4}\left(2\dfrac{1}{4}\right)$kg

(2) （1m の重さ）＝（全体の重さ）÷（鉄パイプの長さ）より，

$6\dfrac{9}{20} \div 5\dfrac{3}{8} = \dfrac{129}{20} \div \dfrac{43}{8} = \dfrac{\overset{3}{\cancel{129}} \times \overset{2}{\cancel{8}}}{\underset{5}{\cancel{20}} \times \underset{1}{\cancel{43}}}$

$= \dfrac{6}{5}$(kg) **答え** $\dfrac{6}{5}\left(1\dfrac{1}{5}\right)$kg

(3) （全体の重さ）＝（1m の重さ）×（針金の長さ）より，

$0.4 \times 16\dfrac{1}{4} = \dfrac{4}{10} \times \dfrac{65}{4} = \dfrac{\overset{1}{\cancel{4}} \times \overset{13}{\cancel{65}}}{\underset{2}{\cancel{10}} \times \underset{1}{\cancel{4}}}$

$= \dfrac{13}{2}$(kg) **答え** $\dfrac{13}{2}\left(6\dfrac{1}{2}\right)$kg

3

長方形の面積＝縦×横より，

$1\dfrac{9}{11} \times 3\dfrac{2}{3} = \dfrac{20}{11} \times \dfrac{11}{3} = \dfrac{20 \times \overset{1}{\cancel{11}}}{\underset{1}{\cancel{11}} \times 3}$

$= \dfrac{20}{3}$(m²) **答え** $\dfrac{20}{3}\left(6\dfrac{2}{3}\right)$m²

1·5 正の数，負の数

解答

1 (1) 25   (2) −144
    (3) −39   (4) −4

2 (1) 7℃   (2) 12.5℃

3 ㋐…3 ㋑…−4 ㋒…7

解説

1

(1) $16-(-9)$

$=16+9$

$=25$ **答え** 25

(2) $-3^2 \times (-2)^4$

$=-9 \times 16$

$=-144$ **答え** −144

(3) $(-5)^2 - 4^3$

$=25-64$

$=-39$ **答え** −39

(4) $-8-32 \div (-8)$

$=-8+4$

$=-4$ **答え** −4

2

(1) $(+2)-(-5)$

$=2+5$

$=7$(℃) **答え** 7℃

(2) 基準との差の平均は，

$\{(-5)+(+1)+(-8)+(+2)\} \div 4$

$=-2.5$

よって，$15-2.5=12.5$(℃)

答え 12.5℃

3

斜めの数の和は，$(-4)+6+5+0=7$

4つの数の和はすべて7だから，

㋐$=7-(-2+5+1)=3$

㋑$=7-(-4+3+12)=-4$

㋒$=7-(-4+6-2)=7$

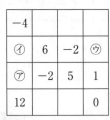

答え ㋐…3 ㋑…-4 ㋒…7

1·6 文字と式

p. 51

解答

1 (1) $12x+9y(\text{g})$

 (2) $2ab\text{cm}^2$

2 (1) 長方形のまわりの長さ

 (2) 長方形の面積

3 (1) -28 (2) 6

 (3) -23

4 ㋑，㋤

5 (1) $-x+1$ (2) $3x-6$

 (3) $\dfrac{5x+3}{8}$ (4) $\dfrac{-23x+4}{18}$

解説

1

(1) $x\text{g}$ のおもり12個で $12x\text{g}$，$y\text{g}$ のおもり9個で $9y\text{g}$ であることから，合わせた重さは，$12x+9y(\text{g})$

答え $12x+9y(\text{g})$

(2) ひし形の面積＝対角線×対角線÷2より，

$$2a\times 2b\div 2=\frac{\overset{1}{\cancel{2}}a\times 2b}{\underset{1}{\cancel{2}}}=2ab\,(\text{cm}^2)$$

答え $2ab\text{cm}^2$

2

(1) $2a$ は縦の長さの2倍，$2b$ は横の長さの2倍を表すから，$2a+2b$ は長方形のまわりの長さを表している。

答え 長方形のまわりの長さ

(2) ab は縦の長さと横の長さの積を表すから，ab は長方形の面積を表している。

答え 長方形の面積

8

3

(1) $4x-16$

$=4\times(-3)-16$

$=-12-16$

$=-28$ 　　　　答え **-28**

(2) $-\dfrac{30}{y}$

$=-\dfrac{30}{-5}$

$=-(-6)$

$=6$ 　　　　答え **6**

(3) $-2x^2+y$

$=-2\times(-3)^2+(-5)$

$=-2\times9-5$

$=-18-5$

$=-23$ 　　　　答え **-23**

4

㋐…$a=-2$ のとき，$-\{-(-2)\}=-2$ となり，負の数になることもある。

㋑…a が正の数であっても負の数であっても，a^2 はいつも正の数になる。

㋒…a が正の数であっても負の数であっても，a^2 はいつも正の数になるから，$-a^2$ はいつも負の数になる。

㋓…$(-a)^2=(-a)\times(-a)=a^2$，$a^2$ はいつも正の数になるから，$(-a)^2$ もいつも正の数になる。

答え ㋑，㋓

5

(1) $2x-(3x-1)$

$=2x-3x+1$

$=-x+1$ 　　　　答え **$-x+1$**

(2) $6(2x-5)-3(3x-8)$

$=12x-30-9x+24$

$=3x-6$ 　　　　答え **$3x-6$**

(3) $\dfrac{3x-2}{4}-\dfrac{x-7}{8}$

$=\dfrac{2(3x-2)-(x-7)}{8}$

$=\dfrac{6x-4-x+7}{8}$

$=\dfrac{5x+3}{8}$ 　　　　答え **$\dfrac{5x+3}{8}$**

(4) $-\dfrac{5x-2}{6}-\dfrac{4x+1}{9}$

$=\dfrac{-3(5x-2)-2(4x+1)}{18}$

$=\dfrac{-15x+6-8x-2}{18}$

$=\dfrac{-23x+4}{18}$ 　　　　答え **$\dfrac{-23x+4}{18}$**

解答

1
(1) $x=-3$ 　 (2) $x=-4$

(3) $x=5$ 　 (4) $x=-1$

(5) $x=4$ 　 (6) $x=-20$

(7) $x=-2$ 　 (8) $x=11$

2
(1) $140x+80(9-x)=960$

(2) メロンパン… 4 個

あんパン… 5 個

3
(1) $x+1.5x=5800$

(2) ゆいさんが出した金額…

2320 円

兄が出した金額… 3480 円

4
(1) $4x+27=6x+3$

(2) 75 枚

5
(1) $\dfrac{x}{70}+\dfrac{x}{105}=30$

(2) 1260m

6
(1) $0.8x+300=780$

(2) 600 円

解説

1

(1)
$$x-9=4x$$
$$x-4x=9$$
$$-3x=9$$
$$x=-3 \qquad \boxed{答え}\ x=-3$$

(2)
$$-8x+3=-6x+11$$
$$-8x+6x=11-3$$
$$-2x=8$$
$$x=-4 \qquad \boxed{答え}\ x=-4$$

(3)
$$11-2(2x-7)=x$$
$$11-4x+14=x$$
$$-4x-x=-11-14$$
$$-5x=-25$$
$$x=5 \qquad \boxed{答え}\ x=5$$

(4)
$$5(x-3)=2(x-5)-8$$
$$5x-15=2x-10-8$$
$$5x-2x=-10-8+15$$
$$3x=-3$$
$$x=-1 \qquad \boxed{答え}\ x=-1$$

(5)
$$1.2x=6.4-0.4x$$
$$12x=64-4x$$
$$12x+4x=64$$
$$16x=64$$
$$x=4 \qquad \boxed{答え}\ x=4$$

(6)　　$0.2x+3=0.07x+0.4$

　　　$20x+300=7x+40$

　　　$20x-7x=40-300$

　　　　$13x=-260$

　　　　　$x=-20$　　**答え** $x=-20$

(7)　$\dfrac{1}{3}x-\dfrac{1}{4}(2x-1)=\dfrac{7}{12}$

　　　$4x-3(2x-1)=7$

　　　$4x-6x+3=7$

　　　$4x-6x=7-3$

　　　　$-2x=4$

　　　　　$x=-2$

　　　　　　　答え $x=-2$

(8)　　$\dfrac{x-3}{6}-\dfrac{2x-1}{9}=-1$

　　$3(x-3)-2(2x-1)=-18$

　　　$3x-9-4x+2=-18$

　　　　$3x-4x=-18+9-2$

　　　　　$-x=-11$

　　　　　　$x=11$

　　　　　　　答え $x=11$

$\boxed{2}$

(1)　買ったあんパンの個数は $9-x$（個）

　　だから，

　　　$140x+80(9-x)=960$

　　　答え $140x+80(9-x)=960$

(2)　$140x+80(9-x)=960$

　　　$140x-80x=960-720$

　　　　　$60x=240$

　　　　　　$x=4$

　　よって，メロンパンは4個，あんパ

　　ンは，$9-4=5$（個）

　　　答え メロンパン…4個

　　　　　　あんパン…5個

$\boxed{3}$

(1)　兄の出した金額は $1.5x$ 円だから，

　　　$x+1.5x=5800$

　　　　答え $x+1.5x=5800$

(2)　$x+1.5x=5800$

　　　　$2.5x=5800$

　　　　　$x=2320$

　　よって，ゆいさんが出した金額は

　　2320円，兄が出した金額は，

　　　$2320×1.5=3480$（円）

　答え ゆいさんが出した金額…2320円

　　　　兄が出した金額…3480円

4

(1) x 人に 4 枚ずつ配ると 27 枚あまる
から, 画用紙の枚数は $4x+27$(枚)と
表される。

同様に, x 人に 6 枚ずつ配ると 3 枚
あまるから, 画用紙の枚数は $6x+3$
(枚)とも表される。

$4x+27=6x+3$

> **答え** $4x+27=6x+3$

(2) $4x+27=6x+3$

$4x-6x=3-27$

$-2x=-24$

$x=12$

生徒は 12 人いるから, 画用紙の枚
数は, $4x+27$ に $x=12$ を代入して,

$4×12+27=75$(枚)

> **答え** 75 枚

5

(1) 時間＝道のり÷速さより, 行きにかかっ
た時間は $\dfrac{x}{70}$ 分, 帰りにかかった時間
は $\dfrac{x}{105}$ 分と表される。

$\dfrac{x}{70}+\dfrac{x}{105}=30$

> **答え** $\dfrac{x}{70}+\dfrac{x}{105}=30$

(2) $\dfrac{x}{70}+\dfrac{x}{105}=30$

$\dfrac{3x}{210}+\dfrac{2x}{210}=30$

$5x=30×210$

$x=1260$

> **答え** 1260m

6

(1) ボールペンの値段はもとの値段の
80 ％なので $0.8x$ と表される。ノート
も 3 冊買ったから,

$0.8x+100×3=780$

$0.8x+300=780$

> **答え** $0.8x+300=780$

(2) $0.8x+300=780$

$0.8x=480$

$x=600$

> **答え** 600 円

2-1 単位量あたりの大きさ

p. 65

解答

1 (1) 450g　(2) 9.6m

2 (1) 1.25kg　(2) 180kg

3 (1) 35枚（まい）　(2) Cのコピー機

4 (1) 2km

　　(2) 午前11時10分

解説

1

(1) 針金（はりがね）1mあたりの重さは,

　　$500÷4＝125(g)$

　　針金3.6mの重さは,

　　$125×3.6＝450(g)$　**答え** 450g

(2) $500g＝0.5kg$

　　針金1kgあたりの長さは,

　　$4÷0.5＝8(m)$

　　針金1.2kgの長さは,

　　$8×1.2＝9.6(m)$

　　〔別の解き方〕

　　針金1mの重さは125gだから,

　　$1200÷125＝9.6(m)$

　　答え 9.6m

2

(1) （1m^{2}あたりの収穫量（しゅうかくりょう））＝（収穫量）
　　÷（面積）より,

　　$100÷80＝1.25(kg)$

　　答え 1.25kg

(2) （収穫量）＝（1m^{2}あたりの収穫量）
　　×（面積）より,

　　$1.5×120＝180(kg)$

　　答え 180kg

3

(1) （1分あたりの枚数）＝（枚数）÷（時
　　間）より,

　　$420÷12＝35(枚)$　**答え** 35枚

(2) Bのコピー機の1分あたりの枚数は,

　　$480÷15＝32(枚)$

　　Cのコピー機の1分あたりの枚数は,

　　$760÷20＝38(枚)$

　　もっとも速くコピーできるのは, 1
　　分あたりのコピーできる枚数が多いC
　　のコピー機である。

　　答え Cのコピー機

4

(1) 登山口から山頂（さんちょう）まで歩くのにかかっ
　　た時間は,

　　$9時10分－7時30分＝1時間40分$
　　$＝100分$

　　登山口から山頂までの道のりは,
　　道のり＝速さ×時間より,

　　$20×100＝2000(m)＝2(km)$

　　答え 2km

(2) 山頂から登山口まで下山するときに
　　かかる時間は,

　　時間＝道のり÷速さより,

　　$2000÷25＝80(分)$

　　山頂で40分休んでから80分かけて
　　下山したので, 登山口に着いたのは,

　　$9時10分＋40分＋80分＝11時10分$

　　答え 午前11時10分

2-2 割合

p. 71

解答

1 (1) 108 (2) 3，7，5
  (3) 65

2 (1) 72 ページ (2) 30 %

3 (1) 624 円 (2) 2500 円

4 (1) 35 % (2) 342 人

解説

1

(1) もとにする量は 225L で，割合は

0.48(倍)だから，

比べる量＝もとにする量 × 割合より，

225×0.48＝108(L)

答え 108

(2) もとにする量は 360cm，比べる量

は 135cm だから，

割合＝比べる量 ÷ もとにする量より，

135÷360＝0.375

0.375 は 3 割 7 分 5 厘

答え 3，7，5

(3) 比べる量が 91kg で，割合が 140 %

(1.4 倍)だから，

もとにする量＝比べる量 ÷ 割合より，

91÷1.4＝65(kg) **答え** 65

2

(1) 40 % は 0.4 だから，

比べる量＝もとにする量×割合より，

180×0.4＝72(ページ)

答え 72 ページ

(2) 割合＝比べる量÷もとにする量より，

54÷180＝0.3

0.3 は 30 % **答え** 30 %

3

(1)
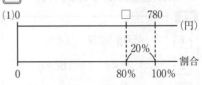

もとの値段の 20 % 引きの金額で買っ

たのだから，買った値段はもとの値段の

100−20＝80(%)にあたる。

80 % は 0.8 だから，

比べる量＝もとにする量×割合より，

780×0.8＝624(円)

答え 624 円

(2)
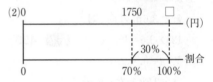

1750 円がもとにする量の

1−0.3＝0.7(倍)にあたるから，

もとにする量＝比べる量÷割合より，

1750÷0.7＝2500(円)

答え 2500 円

4

(1) 割合＝比べる量÷もとにする量より，

126÷360＝0.35

0.35 は 35 % **答え** 35 %

(2) 今年の生徒数は昨年の生徒数の

100−5＝95(%)にあたる。

95 % は 0.95 だから，

比べる量＝もとにする量×割合より，

360×0.95＝342(人)

答え 342 人

2-3 比

解答

1 (1) 1:6　　(2) 5:3
　　(3) 10:9

2 (1) $x=28$　　(2) $x=2.4$
　　(3) $x=\dfrac{2}{3}$

3 (1) 5:4　　(2) 96g

4 25m

5 ⑦, ④

6 (1) 343人　　(2) 49人

7 姉…2500円　弟…1500円
　　妹…1000円

8 6:7

解説

1

(1) $9:54=1:6$　　**答え** 1:6

(2) $1.25:0.75=125:75=5:3$

答え 5:3

(3) $\dfrac{8}{15}:\dfrac{12}{25}=\dfrac{40}{75}:\dfrac{36}{75}=40:36=10:9$

答え 10:9

2

(1) 24 が 6 の 4 倍になっていることから,
　$x=7\times4=28$　　**答え** $x=28$

(2) 比例式の性質より,
　$x\times5=1.5\times8$
　$5x=12$
　　$x=2.4$　　**答え** $x=2.4$

(3) 比例式の性質より,
　$x\times9=\dfrac{3}{5}\times10$
　$x=6\div9$
　$x=\dfrac{2}{3}$　　**答え** $x=\dfrac{2}{3}$

3

(1) $40:32=5:4$

答え 5:4

(2) 小麦粉の重さを xg とすると,
　$x:40=12:5$
　40 が 5 の 8 倍なっているから,
　x も 12 の 8 倍になる。
　$x=12\times8=96(g)$

答え 96g

4

　長方形のまわりの長さ＝(縦の長さ＋横の長さ)×2 より,
　縦の長さと横の長さの和は,
　$75\div2=37.5(m)$
　縦と横の長さの比が 1:2 だから,
　横の長さは, $37.5\times\dfrac{2}{1+2}=25(m)$

答え 25m

5

　それぞれの比を簡単にする。
　⑦…$1.6:2.4=16:24=2:3$
　④…$12:8=3:2$
　⑦…$32:4.8=320:48=20:3$
　④…$\dfrac{3}{5}:\dfrac{9}{10}=\dfrac{6}{10}:\dfrac{9}{10}=6:9=2:3$

答え ⑦, ④

6

(1) 女子の生徒数を x 人とすると，

$245 : x = 5 : 7$

比例式の性質より，

$x \times 5 = 245 \times 7$

$5x = 1715$

$x = 343$ **答え** 343 人

(2) 中学校の生徒数は，(1)より，

$245 + 343 = 588$（人）

先生の人数を y 人とすると，

$588 : y = 12 : 1$

比例式の性質より，

$y \times 12 = 588 \times 1$

$12y = 588$

$y = 49$ **答え** 49 人

7

3 人の年齢（ねんれい）の比は，

姉：弟：妹 $= 15 : 9 : 6 = 5 : 3 : 2$

比の和，$5 + 3 + 2 = 10$ が 5000 円にあたるから，比の 1 の大きさは，

$5000 \div 10 = 500$（円）

姉は，$500 \times 5 = 2500$（円）

弟は，$500 \times 3 = 1500$（円）

妹は，$500 \times 2 = 1000$（円）

答え 姉… 2500 円　弟… 1500 円

妹… 1000 円

8

縦の長さは，A は $3x$，B は $4x$，横の長さは，A は $8y$，B は $7y$ と表される。

（A の面積）：（B の面積）$= 24xy : 28xy$

$= 24 : 28 = 6 : 7$

答え 6 : 7

2-4 比例，反比例

p. 87

解答

1　⑦…比例　⑦…反比例

　　　⑤…×　　⑤…反比例

　　　⑦…比例

2　⑦

3　(1) $y = 3x$　(2) $y = \dfrac{15}{2}$

　　　(3) $p = -2$　(4) $\dfrac{24}{5}$

4　(1) $a = -24$　(2) $b = -\dfrac{2}{3}$

　　　(3) $(-6, 4)$

解説

1

⑦…（正六角形のまわりの長さ）$=$（1 辺の長さ）$\times 6$ だから，$y = 6x$

$y = ax$ の形の式になるから，比例（ひれい）

⑦…ひし形の面積 $= \dfrac{1}{2} \times$ 対角線 $\times$ 対角線

だから，$\dfrac{1}{2} \times x \times y = 60$ より，$y = \dfrac{120}{x}$

$y = \dfrac{a}{x}$ の形の式になるから，反比例

⑤…2 人の飲んだ量の和が 1000mL になるから，$x + y = 1000$（和が一定）

よって，比例でも反比例でもない。

⑤…（1 分間に入れる量）$\times$（入れた時間）

$=$（水槽（そう）の容量（ようりょう））だから，$x \times y = 50$

より，$y = \dfrac{50}{x}$

$y = \dfrac{a}{x}$ の形の式になるから，反比例

㋔…三角形の面積$=\dfrac{1}{2}\times$底辺$\times$高さ だか

ら，$y=\dfrac{1}{2}\times18\times x$ より，$y=9x$

$y=ax$ の式になるから，比例

答え ㋐…**比例** ㋑…**反比例** ㋒…**×**
　　　㋓…**反比例** ㋔…**比例**

2

x の値(重さ)を決めると，y の値(料金)が決まるので，y は x の関数である。

x と y の関係は，$y=ax$ でも，$y=\dfrac{a}{x}$ でもないから，比例でも反比例でもない。

答え ㋒

3

(1) y が x に比例するから，

$y=ax$ に $x=3$，$y=9$ を代入して，
$9=a\times3$ より，$a=3$　**答え** $y=3x$

(2) y が x に反比例するから，

$y=\dfrac{a}{x}$ に $x=5$，$y=-3$ を代入して，

$-3=\dfrac{a}{5}$ より，$a=-15$

$y=-\dfrac{15}{x}$ に $x=-2$ を代入して，

$y=-\dfrac{15}{-2}=\dfrac{15}{2}$　　**答え** $y=\dfrac{15}{2}$

(3) y が x に比例するから，

$y=ax$ に $x=3$，$y=24$ を代入して，
$24=a\times3$ より，$a=8$

$y=8x$ に $x=p$，$y=-16$ を代入して，

$-16=8p$ より，$p=-2$

答え $p=-2$

(4) y が x に反比例するから，

$y=\dfrac{a}{x}$ に $x=-4$，$y=12$ を代入して，

$12=\dfrac{a}{-4}$ より，$a=-48$

$y=-\dfrac{48}{x}$ に $y=-10$ を代入して，

$x=-\dfrac{48}{-10}=\dfrac{\overset{24}{\cancel{48}}}{\underset{5}{\cancel{10}}}=\dfrac{24}{5}$

答え $\dfrac{24}{5}$

4

(1) 関数 $y=\dfrac{a}{x}$ のグラフが点 A$(6，-4)$ を通るから，

$y=\dfrac{a}{x}$ に $x=6$，$y=-4$ を代入して，

$-4=\dfrac{a}{6}$ より，$a=-24$

答え $a=-24$

(2) 関数 $y=bx$ のグラフが点 A$(6，-4)$ を通るから，

$y=bx$ に $x=6$，$y=-4$ を代入して，

$-4=b\times6$ より，$b=-\dfrac{2}{3}$

答え $b=-\dfrac{2}{3}$

(3) (2)より，点 B は関数 $y=-\dfrac{2}{3}x$ のグラフ上にあるから，

$y=-\dfrac{2}{3}x$ に $y=4$ を代入して，

$4=-\dfrac{2}{3}x$ より，$x=4\times\left(-\dfrac{3}{2}\right)=-6$

よって，点 B の座標は$(-6，4)$

答え $(-6，4)$

3-1 三角形，四角形

P. 96

解答

1 (1) $\angle x=36°$　(2) $\angle x=98°$

　　(3) $\angle x=113°$　(4) $\angle x=56°$

　　(5) $\angle x=82°$　$\angle y=58°$

　　(6) $\angle x=66°$　$\angle y=48°$

2 (1) $88\,\mathrm{cm}^2$　(2) $126\,\mathrm{cm}^2$

　　(3) $120\,\mathrm{cm}^2$　(4) $52\,\mathrm{cm}^2$

3 (1) $42\,\mathrm{cm}^2$　(2) $81\,\mathrm{cm}^2$

　　(3) $110\,\mathrm{cm}^2$　(4) $48\,\mathrm{cm}^2$

　　(5) $6.8\,\mathrm{cm}^2$　(6) $550\,\mathrm{cm}^2$

4 (1) $x=4.8$　(2) $x=5$

解説

1

(1) 三角形の 3 つの角の大きさの和は $180°$

だから，$\angle x=180°-(115°+29°)=36°$

答え $\angle x=36°$

(2) $\angle ABC=\angle ACB=41°$

$\angle x=180°-41°×2=98°$

答え $\angle x=98°$

(3) 四角形の 4 つの角の大きさの和は $360°$

だから，

$\angle x=360°-(80°+86°+81°)=113°$

答え $\angle x=113°$

(4) $\angle ADC=180°-50°=130°$

四角形の 4 つの角の大きさの和は $360°$

だから，

$\angle x=360°-(130°+90°+84°)=56°$

答え $\angle x=56°$

(5) $\angle ADB=180°-(25°+57°)=98°$

$\angle x=180°-98°=82°$

$\angle y=180°-(40°+82°)=58°$

答え $\angle x=82°$　$\angle y=58°$

(6) $\angle DBC=\angle DCB=33°$ だから，

$\angle BDC=180°-33°×2=114°$

$\angle x=180°-114°=66°$

$\angle BAD=\angle BDA=66°$ だから，

$\angle y=180°-66°×2=48°$

答え $\angle x=66°$　$\angle y=48°$

2

(1) 16cm の辺を底辺とすると高さは

11cm だから，

$16×11÷2=88(\mathrm{cm}^2)$　**答え** $88\,\mathrm{cm}^2$

(2) 14cm の辺を底辺とすると高さは

9cm だから，

$14×9=126(\mathrm{cm}^2)$

答え $126\,\mathrm{cm}^2$

(3) 15cm の辺を上底，5cm の辺を下底

とすると高さは 12cm だから，

$(15+5)×12÷2=120(\mathrm{cm}^2)$

答え $120\,\mathrm{cm}^2$

(4) 対角線の長さは 8cm と 13cm だから，

$8×13÷2=52(\mathrm{cm}^2)$

答え $52\,\mathrm{cm}^2$

3

(1) 2 つの台形に分けて求める。

上底が 5cm，下底が 8cm，高さが

3cm の台形の面積は，

$(5+8)×3÷2=19.5(\mathrm{cm}^2)$

上底が 8cm，下底が 7cm，高さが

3cm の台形の面積は，

$(8+7)×3÷2=22.5(\mathrm{cm}^2)$

よって，五角形の面積は，

$19.5+22.5=42(\mathrm{cm}^2)$

答え $42\,\mathrm{cm}^2$

(2) 正方形を対角線の長さが 18cm のひ
し形と考えると，正方形の面積は，

$18 \times 18 \div 2 = 162 (cm^2)$

求める面積は，正方形の半分の面積
だから，

$162 \div 2 = 81 (cm^2)$ **答え** **81cm²**

(3) 長方形の面積から色を塗っていない
部分の2つの三角形の面積をひく。

長方形の面積は，$14 \times 18 = 252 (cm^2)$

2つの三角形の面積は，

$18 \times (14-6) \div 2 = 72 (cm^2)$

$(18-8) \times 14 \div 2 = 70 (cm^2)$

よって，求める面積は，

$252 - 72 - 70 = 110 (cm^2)$

〔別の解き方〕

長方形の対角線をひいて，色を塗っ
た部分を2つの三角形に分ける。

①の面積は，$6 \times 18 \div 2 = 54 (cm^2)$

②の面積は，$8 \times 14 \div 2 = 56 (cm^2)$

よって，求める面積は，

$54 + 56 = 110 (cm^2)$

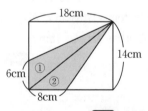

答え **110cm²**

(4) この図形を長方形で囲むと，印をつ
けた三角形の面積はそれぞれ等しくな
る。色を塗った部分の面積は，長方形
の面積の半分となるので，求める面積は，

$12 \times 8 \div 2 = 48 (cm^2)$ **答え** **48cm²**

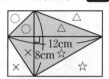

(5) 台形の面積から色を塗っていない部
分の2つの三角形の面積をひく。

台形の面積は，

$(2.8+4.4) \times 4 \div 2 = 14.4 (cm^2)$

2つの三角形の面積は，

$2.8 \times (4-2.5) \div 2 = 2.1 (cm^2)$

$4.4 \times 2.5 \div 2 = 5.5 (cm^2)$

よって，求める面積は，

$14.4 - 2.1 - 5.5 = 6.8 (cm^2)$

答え **6.8cm²**

(6) 色を塗っていない部分をつめると，
縦が，25−3=22(cm)，横が，30−5
=25(cm)の長方形になるから，

求める面積は，

22×25=550(cm²)

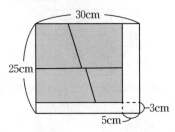

〔別の解き方〕

長方形の面積から，色を塗っていない部分の面積をひく。

25×30−(3×30+5×25−5×3)

=550(cm²) 　**答え** 550cm²

4

(1) 辺 AB を底辺，線分 CD を高さと見ると，△ABC の面積は 20×x÷2(cm²)と表されるから，20×x÷2=48 より，

x=48×2÷20=4.8

答え x=4.8

(2) 台形の面積は(x+7)×6÷2(cm²)と表されるから，(x+7)×6÷2=36 より，

x=36÷6×2−7=5

答え x=5

3-2 正多角形と円

解答

1 (1) ∠x=30° (2) ∠y=75°

2 18m

3 (1) まわりの長さ… 125.6cm
　　　面積… 912cm²

(2) まわりの長さ… 188.4cm
　　　面積… 1177.5cm²

4 28.5cm²

解説

1

(1) ∠x=360°÷12=30°

　　　　　答え ∠x=30°

(2) OA と OB は同じ円の半径だから，
△OAB は OA=OB の二等辺三角形である。

∠y=(180°−30°)÷2=75°

　　　　　答え ∠y=75°

2

56×3.14×10=1758.4(cm)

1758.4cm=17.584m だから，小数第1位を四捨五入して，18m

　　　　　答え 18m

3

(1) まわりの長さは，半径40cmの円の

円周の4等分の2つ分と考えて，

$40 \times 2 \times 3.14 \div 4 \times 2 = 125.6$(cm)

面積は，右の色を
塗った部分の面積を
2倍して求める。

40cm

色を塗った部分は，半径40cmの円

の面積の$\frac{1}{4}$から，底辺と高さが40cm

の三角形の面積をひいたものに等しい

から，求める面積は，

$(40 \times 40 \times 3.14 \div 4 - 40 \times 40 \div 2) \times 2$
$= 912$(cm^2)

答え まわりの長さ… **125.6cm**

面積… **912cm^2**

(2) まわりの長さは，4つの異なる大き

さの円の円周の半分をたせばよい。

$60 \times 3.14 \div 2 + 30 \times 3.14 \div 2 + 20$
$\times 3.14 \div 2 + 10 \times 3.14 \div 2 = 188.4$(cm)

それぞれの半円の半径は，

$60 \div 2 = 30$(cm)，$30 \div 2 = 15$(cm)，

$20 \div 2 = 10$(cm)，$10 \div 2 = 5$(cm)

面積は，1番めと3番めに大きい半

円の面積をたしたものから，2番めと

4番めに大きい半円の面積をひけばよ

い。

$30 \times 30 \times 3.14 \div 2 + 10 \times 10 \times 3.14 \div 2$
$- 15 \times 15 \times 3.14 \div 2 - 5 \times 5 \times 3.14 \div 2$
$= 1177.5$(cm^2)

答え まわりの長さ… **188.4cm**

面積… **1177.5cm^2**

4

円の半径は，$10 \div 2 = 5$(cm)だから，

円の面積は，$5 \times 5 \times 3.14 = 78.5$(cm^2)

右の図のように，円の
直径は正方形の対角線に
もなっているので，正方
形の面積はひし形の面
積の求め方を利用して，

$10 \times 10 \div 2 = 50$(cm^2)

よって，求める面積は，

$78.5 - 50 = 28.5$(cm^2)

答え **28.5cm^2**

解答

1 (1) 点C (2) 辺DA

   (3) ∠CBD

2 ①…○ ②…× ③…○

   ④…×

3 (1) ∠BFE，∠CGF，∠DHG

   (2) 90°

   (3) 正方形

解説

1

(1) △ABD と △CDB は合同だから，点 A に対応する点は点 C である。

答え **点C**

(2) △ABD と △CDB は合同だから，辺 BC に対応する辺は辺 DA である。

答え **辺DA**

(3) △ABD と △CDB は合同だから，∠ADB に対応する角は∠CBD である。

答え **∠CBD**

2

①…必ず右のような ひし形になるから，合同である。

②…下の図のように，直角の位置によって違う形になる場合があるから，合同とは限らない。

③…正三角形は形が1つに決まっている。1辺の長さが同じときは大きさも同じになるから合同である。

④…下の図のように，違う形になる場合があるから，合同とは限らない。

答え ①…○ ②…× ③…○ ④…×

3

△AEH，△BFE，△CGF，△DHG はすべて合同であるから，対応する辺の長さや角の大きさはそれぞれ等しい。

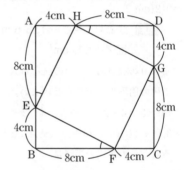

(1) 合同な三角形で，∠AEH と対応する角を答える。

答え **∠BFE，∠CGF，∠DHG**

(2) ∠AEH＋∠BEF＝∠BFE＋∠BEF
＝180°－∠FBE＝180°－90°＝90°

答え **90°**

(3) ∠AEH＋∠BEF＝90°だから，
∠HEF＝180°－90°＝90°
同様に，∠EFG＝∠FGH＝∠GHE ＝90°で，EF＝FG＝GH＝HE だから四角形 EFGH は正方形である。

答え **正方形**

3-4 対称な図形

解答

1 ⑦, ㋓, ㋔

2 (1) 1本 (2) 2本
(3) 2本 (4) 1本

3 (1) 点E (2) 辺GH

4 (1) 解説参照 (2) ∠AFE

解説

1

対称の軸と対称の中心は次のようになる。

⑦ 直角二等辺三角形　㋑ 平行四辺形

㋒ ひし形　　㋓ 長方形

㋔ 円　　㋕ 半円

対称の軸は無数

対称の軸があり，対称の中心もあるのは，㋒，㋓，㋔である。

答え ⑦, ㋓, ㋔

2

対称の軸は次の図のようになる。

(1) (2)

答え 1本　　**答え** 2本

(3)

答え 2本

(4)

答え 1本

3

(1) 対応する2つの点を結ぶ線分は対称の中心Oを通るので，右の図より，点Aに対応する点はEである。

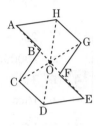

答え 点E

(2) 上の図より，点Cに対応する点はG，点Dに対応する点はHなので，辺CDに対応する辺は辺GHである。

答え 辺GH

4

(1) 線対称な図形では，対応する2点を結ぶ直線は，対称の軸と垂直に交わり，対称の軸によって長さが2等分される。つまり，対称の軸は，対応する2点を結ぶ線分の垂直二等分線になるので，右の図のようになる。

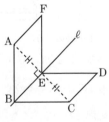

答え

(2) 点Cに対応する点はA，点Dに対応する点はF，点Eは対称の軸の上にあるので，対応する点もEになる。よって，∠CDEに対応する角は∠AFEである。　**答え** ∠AFE

3-5 拡大図と縮図 p.119

解答

1 拡大図…㋖ 縮図…㋔

2 (1) 4:1 (2) 3.2cm

(3) ∠ABC

3 (1) $\dfrac{1}{25000}$

(2) 90000m²

4 (1) 3倍 (2) 30cm

(3) 16cm

5 (1) 13cm (2) 9m

解説

1

ます目を利用して，同じ形であること
を確かめる。

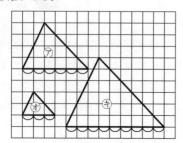

上の図のように，㋔は㋐の縮図になって
いる。目もりは，6目もりのところが3目
もりになっているので，$\dfrac{3}{6}=\dfrac{1}{2}$より，$\dfrac{1}{2}$の
縮図とわかる。また，㋖は㋐の拡大図に
なっている。目もりは，6目もりのとこ
ろが9目もりになっているので，9÷6＝
1.5より，1.5倍の拡大図とわかる。

答え 拡大図…㋖ 縮図…㋔

2

(1) 辺ABの長さが4.8cm，辺ADの
長さが1.2cmだから，辺ABと辺
ADの長さの比は，4.8:1.2＝4:1

答え 4:1

(2) (1)より，△ABCは△ADEの4倍の
拡大図だから，辺ACは辺AEの4倍
である。

0.8×4＝3.2(cm) **答え** 3.2cm

(3) △ABCは△ADEの拡大図なので，
∠ABCと∠ADEの大きさは等しい。

答え ∠ABC

3

(1) 単位をそろえて計算する。

1350m＝135000cmより，

135000÷5.4＝25000だから，

1:250000

縮尺を分数で表すと，$\dfrac{1}{25000}$

答え $\dfrac{1}{25000}$

(2) 正方形の土地の実際の1辺の長さは，

1.2×25000＝30000(cm)

30000cm＝300mだから，

実際の土地の面積は，

300×300＝90000(m²)

答え 90000m²

4

(1) 対応する辺の中で長さがわかる辺は，辺 AB と 辺 AE である。AB＝6cm，AE＝6＋12＝18(cm) より，18÷6＝3(倍)だから，3倍の拡大図である。

答え 3倍

(2) 対角線 EH と対角線 BD が対応するから，対角線 EH の長さは，

10×3＝30(cm)　**答え** 30cm

(3) 辺 AD と辺 AH が対応し，AH＝EF＝24cm だから，辺 AD の長さは，

$24 \times \frac{1}{3} = 8$(cm)

よって，

DH＝24－8＝16(cm)

答え 16cm

5

(1) 13m＝1300cm だから，

$1300 \times \frac{1}{100} = 13$(cm)

答え 13cm

(2) 辺 AB の実際の長さは，

7.5×100＝750(cm)　750cm＝7.5m

目の高さは地面から，150cm＝1.5m だから，木の実際の高さは，

7.5＋1.5＝9(m)　**答え** 9m

3-6 移動，作図，おうぎ形　p.129

p.129

解答

1 (1) 線分 OF　(2) 95°

2 (1) ⑦，⑦　(2) ⑦，⑦，⑦
　　(3) ⑦

3 解説参照

4 解説参照

5 解説参照

6 中心角… 220°
　　面積… 198πcm²

7 (1) 9π＋8(cm)　(2) 18πcm²

解説

1

(1) 点 C に対応する点は F だから，線分 OC と長さの等しい線分は OF である。

答え 線分 OF

(2) 点 A に対応する点は D だから，∠AOD の大きさは回転した角 95° に等しい。　**答え** 95°

2

(1) 平行移動は，もとの図形と向きも形も変わらないから，⑦と⑦

答え ⑦，⑦

(2) 3本の対角線 ℓ，m，n それぞれについて，対称移動できるから，⑦，⑦，⑦

答え ⑦，⑦，⑦

25

(3) 三角形⑦の1つの辺に着目して，点
Oを中心として時計回りに120°だけ回
転させると三角形⑥と重なるとわかる。

答え **⑥**

3

点Aと辺BCの中点を通ればよい。

① 点B，Cを中心として等しい半径の
円をかき，その交点をD，Eとする。

② 直線DEをひき，辺BCとの交点を
Fとする。

③ 直線AFをひく。

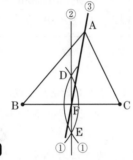

答え

4

正三角形の1つの内角は60°であるこ
とと，60°÷2=30°であることを利用する。

① 点A，Bを中心とする半径ABの
円をかき，その交点のうち線分ABの
上側にある点をCとする。

② 線分ACをひく。（△ABCは正三角
形となり，∠CAB=60°となる。）

③ 点Aを中心として円をかき，線分
AC，ABとの交点をD，Eとする。

④ 点D，Eを中心として等しい半径
の円をかくと，その交点がPである。
（∠CAP＝∠BAP=30°となる。）

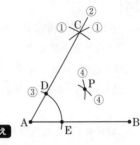

答え

〔別の解き方〕

点Aを通る垂線（直線AE）を考え，
△AEPが正三角形となる点Pを作図す
る。

① 線分BAをA側に延長する。

② 点Aを中心とする円をかき，半直
線BAとの交点をC，Dとする。

③ 点C，Dを中心として等しい半径
の円をかき，その交点をEとする。
（このとき，直線AEは線分ABの垂
線となり，∠EAB=90°である。）

④ 点A，Eを中心として半径AEの
円をかくと，その交点がPである。
（△AEPは正三角形となり，∠EAP
=60°，∠PAB=30°となる。）

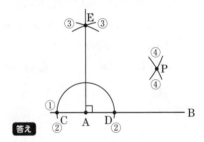

答え

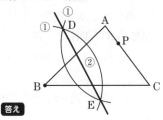

5

(1) 点Bと点Pが重なるので，線分BP
の垂直二等分線をひく。

① 点B，Pを中心として等しい半
径の円をかき，その交点をD，E
とする。

② 直線DEをひく。

答え

(2) 辺ABと辺ACが重なるので，∠A
の二等分線をひく。

① 点Aを中心とする円をかき，辺
AB，ACとの交点をD，Eとする。

② 点D，Eを中心として等しい半
径の円をかき，その交点をFとす
る。

③ 直線AFをひく。

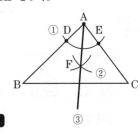

答え

6

円周の長さは $2\pi\times18=36\pi$（cm）だから，
おうぎ形の中心角の大きさは，

$$\angle\text{AOB}=360°\times\frac{22\pi}{36\pi}=220°$$

円の面積は $\pi\times18^2=324\pi$（cm^2）だから，
おうぎ形の面積は，

$$324\pi\times\frac{220}{360}=198\pi\,(\text{cm}^2)$$

答え 中心角… 220°

面積… 198πcm^2

7

(1) まわりの長さは，2つの弧と2本の
線分を合わせた長さとなる。

半径8cmのおうぎ形の弧の長さは，

$$2\pi\times8\times\frac{135}{360}=6\pi\,(\text{cm})$$

半径4cmのおうぎ形の弧の長さは，

$$2\pi\times4\times\frac{135}{360}=3\pi\,(\text{cm})$$

これに $8-4=4$（cm）の線分2本を
たして，まわりの長さは，

$$6\pi+3\pi+4\times2=9\pi+8\,(\text{cm})$$

答え 9π+8（cm）

(2) 半径8cmのおうぎ形の面積から半
径4cmのおうぎ形の面積をひけばよい。

$$\pi\times8^2\times\frac{135}{360}-\pi\times4^2\times\frac{135}{360}$$

$$=18\pi\,(\text{cm}^2)$$

答え 18πcm^2

3-7 空間図形

解答

1 (1) 辺 BC，EH，FG

(2) 面 ABFE，BCGF，DCGH，ADHE

(3) 面 BCGF，DCGH

(4) 辺 BF，CG，EF，HG

2 (1) 875cm³　(2) 600cm²

3 (1) 体積… 540cm³

表面積… 468cm²

(2) 体積… $\dfrac{256}{3}\pi$cm³

表面積… 64πcm²

(3) 体積… 1302πcm³

表面積… 540πcm²

(4) 体積… 100πcm³

表面積… 90πcm²

4 (1) 460cm²　(2) ⑦

5 (1) 5cm　(2) 100πcm²

6 (1) 432πcm³　(2) $\dfrac{2}{3}$倍

7 (1) 円錐　(2) 21πcm³

解説

1

(1) 台形は，上底と下底の辺が平行である。長方形は，向かい合う辺が平行である。

答え 辺 BC，EH，FG

(2) 角柱では，底面と側面は垂直に交わる。

答え 面 ABFE，BCGF，DCGH，ADHE

(3) 辺 AE と垂直に交わる底面と，辺 AE を含む面 ABFE と面 ADHE 以外の面が，辺 AE と平行になる。

答え 面 BCGF，DCGH

(4) 頂点 A と頂点 D を含む辺（辺 AB，AE，DC，DH）と，辺 AD と平行になる辺（(1)の答え）以外の辺がねじれの位置にある辺である。

答え 辺 BF，CG，EF，HG

2

(1) 体積は，

$10 \times 10 \times 10 - 5 \times 5 \times 5 = 875\,(\text{cm}^3)$

答え 875cm³

(2) どの面も，面の真正面から見ると1辺 10cm の正方形に見えるから，表面積は，

$10 \times 10 \times 6 = 600\,(\text{cm}^2)$

答え 600cm²

3

(1) 体積は，$\dfrac{1}{2} \times 12 \times 9 \times 10 = 540\,(\text{cm}^3)$

底面積は，$\dfrac{1}{2} \times 12 \times 9 = 54\,(\text{cm}^2)$

側面積は，

$10 \times (9 + 12 + 15) = 360\,(\text{cm}^2)$

よって，表面積は，

$54 \times 2 + 360 = 468\,(\text{cm}^2)$

答え 体積… 540cm³

表面積… 468cm²

28

(2) 体積は, $\frac{4}{3}\pi \times 4^3 = \frac{256}{3}\pi (\text{cm}^3)$

表面積は, $4\pi \times 4^2 = 64\pi (\text{cm}^2)$

答え 体積…$\frac{256}{3}\pi\text{cm}^3$

表面積…$64\pi\text{cm}^2$

(3) 体積は,

$\pi \times 5^2 \times 6 + \pi \times 12^2 \times 8 = 1302\pi (\text{cm}^3)$

底面積は, $\pi \times 12^2 = 144\pi (\text{cm}^2)$

側面積は,

$10\pi \times 6 + 24\pi \times 8 = 252\pi (\text{cm}^2)$

表面積は,

$144\pi \times 2 + 252\pi = 540\pi (\text{cm}^2)$

答え 体積… **1302πcm^3**

表面積… **540πcm^2**

(4) 体積は, $\frac{1}{3} \times \pi \times 5^2 \times 12 = 100\pi (\text{cm}^3)$

底面積は, $\pi \times 5^2 = 25\pi (\text{cm}^2)$

側面積は, $\pi \times 13^2 \times \frac{2\pi \times 5}{2\pi \times 13}$

$= 65\pi (\text{cm}^2)$

表面積は, $25\pi + 65\pi = 90\pi (\text{cm}^2)$

答え 体積… **100πcm^3**

表面積… **90πcm^2**

4

(1) 底辺 10cm, 高さ 18cm の三角形 4 つと底面の面積をあわせればよい。

$\frac{1}{2} \times 10 \times 18 \times 4 + 10 \times 10 = 460 (\text{cm}^2)$

答え **460cm^2**

(2) 真上から見たときに正方形であることから㋒とわかる。

答え ㋒

5

(1) 底面の円周の長さと, 側面の展開図のおうぎ形の弧の長さは等しいので, 底面の半径を r とすると,

$2\pi r = 2\pi \times 15 \times \frac{120}{360}$

これを解いて, $r = 5$ **答え** **5cm**

(2) $\pi \times 15^2 \times \frac{120}{360} + \pi \times 5^2 = 100\pi (\text{cm}^2)$

答え **100πcm^2**

6

(1) 球の直径が12cm なので, 容器の底面の円の直径は 12cm である。

よって, 底面の円の半径は 6cm となり, 容器の容積は,

$\pi \times 6^2 \times 12 = 432\pi (\text{cm}^3)$

答え **432πcm^3**

(2) 半径 6cm の円の体積は,

$\frac{4}{3} \times \pi \times 6^3 = 288\pi (\text{cm}^3)$ だから,

球の体積は容器の容積の,

$288\pi \div 432\pi = \frac{2}{3}$(倍) **答え** **$\frac{2}{3}$倍**

7

(1) 右の図のような立体ができる。

答え **円錐**

(2) 底面の円の半径が3cm, 高さが7cm なので, 体積は

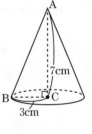

$\frac{1}{3} \times \pi \times 3^2 \times 7 = 21\pi (\text{cm}^3)$

答え **21πcm^3**

4-1 平均

解答

1 (1) 62g　(2) 3.1kg

2 (1) 68cm　(2) 391m

3 (1) 288冊　(2) 76冊

4 (1) 390点　(2) 90点以上

解説

1

(1) 重さの合計は,

59＋61＋62＋66＝248(g)

個数は4個なので,

平均＝合計÷個数より,

248÷4＝62(g)

答え 62g

(2) 合計＝平均×個数より,

50個のみかんの重さの合計は,

62×50＝3100(g)＝3.1(kg)

答え 3.1kg

2

(1) 40歩で27.2m進んだことから, 1歩あたりの歩幅の平均は,

27.2÷40＝0.68(m)＝68(cm)

答え 68cm

(2) (1)より, 1歩の歩幅を0.68mと考えると, 575歩で歩いた道のりは,

0.68×575＝391(m)

答え 391m

3

(1) 4日間の平均が72冊だったので,

合計＝平均×個数より,

72×4＝288(冊)

答え 288冊

(2) (5日間の合計)＝(4日間の合計)＋(5日めの冊数)だから,

288＋92＝380(冊)

よって, 5日間の平均は,

380÷5＝76(冊)

答え 76冊

4

(1) 5回めまでの平均が78点だったので, 5回めまでの合計は,

合計＝平均×個数より,

78×5＝390(点)

答え 390点

(2) 6回の平均を80点以上にするためには, 6回めまでの合計を,

80×6＝480(点)

以上にする必要がある。

(1)より, 5回めまでの合計は390点だから, 6回めのテストで,

480－390＝90(点)

以上とる必要がある。

答え 90点以上

4-2 帯グラフや円グラフ

解答

1 (1) 11 %　　(2) 3.25 倍
　　(3) 810000t

2 (1) 24 %　　(2) 15 人

3 (1) 15 %　　(2) 0.375 倍
　　(3) 4800 冊

4 (1) $\dfrac{7}{13}$ 倍　　(2) 500 人

解説

1

(1) $81-70=11$ より，11 %

答え 11 %

(2) 千葉県の割合は，$70-57=13(\%)$
徳島県の割合は，$85-81=4(\%)$
よって，$13\div4=3.25(倍)$

答え 3.25 倍

(3) 鹿児島県の割合は 35 %
もとにする量＝比べる量÷割合より，
$282000\div0.35=805714.2\cdots(t)$
千の位を四捨五入して
810000t

答え 810000t

2

(1) グラフより，24 %

答え 24 %

(2) メロンパンの割合は，$84-72=12(\%)$
比べる量＝もとにする量×割合より，
$125\times0.12=15(人)$ **答え** 15 人

3

(1) 自然科学の本の割合は，
$79-64=15(\%)$

答え 15 %

(2) 文学の本の割合は 40 %より，
$15\div40=0.375(倍)$

答え 0.375 倍

(3) 社会科学の本の割合は，
$64-40=24(\%)$
もとにする量＝比べる量÷割合より，
$1152\div0.24=4800(冊)$

答え 4800 冊

4

(1) 15 歳未満の人数の割合は 26 %，15
～ 60 歳の人数の割合は，
$91-26=65(\%)$，
60 歳以上の人数の割合は，
$100-91=9(\%)$
15 歳未満の人数の割合と 60 歳以上
の人数の割合を合わせた割合は，
$26+9=35(\%)$
よって，$35\div65=\dfrac{\overset{7}{\cancel{35}}}{\underset{13}{\cancel{65}}}=\dfrac{7}{13}(倍)$

答え $\dfrac{7}{13}$ 倍

(2) もとにする量＝比べる量÷割合より，
$325\div0.65=500(人)$

答え 500 人

4-3 場合の数

p.162

解答

1 (1) 6通り　(2) 24通り

2 24通り

3 (1) 18通り　(2) 6通り

4 (1) 9通り　(2) 3通り

5 (1) 6通り　(2) 4通り

6 6通り

7 12通り

8 20個

解説

1

(1) 右の図のように，Aが先頭になる場合は，6通りある。

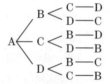

答え 6通り

(2) B，C，Dが先頭になるときも6通りずつあるから，6×4＝24(通り)

答え 24通り

2

右の図のように，アの部分が赤の場合で，6通りあり，アの部分が青，黄，緑の場合でも同様に，6通りずつあるから，

6×4＝24(通り)

答え 24通り

3

(1) 3けたの数の場合，百の位に0は使えないことに注意する。

右の図のように，百の位が2の場合は6通りある。百の位が3，4の場合も同様に6通りあるので，

6×3＝18(通り)

答え 18通り

(2) 10の倍数になるのは一の位が0のときである。右の図のように，百の位が2の場合は2通り。百の位が3，4の場合も同様に2通りあるので，

2×3＝6(通り)

$$2 \begin{cases} 3 — 0 \\ 4 — 0 \end{cases}$$

答え 6通り

4

2人のじゃんけんの手の出し方は下のようになる。

```
はる   あき   はる   あき   はる   あき
グ ── グ    チ ── グ    パ ── グ○
   チ○           チ           チ
   パ         パ○         パ
```

(1) 上の図より，9通りとなる。

答え 9通り

(2) 上の図より，○をつけたところがはるさんが勝つときなので，3通りとなる。

答え 3通り

5

(1) 2種類の組み合わせは6通りある。

バ	○	○	○			
チ	○			○	○	
い		○		○		○
ソ			○		○	○

答え 6通り

(2) 3種類の組み合わせは4通りある。

バ	○	○	○	
チ	○	○		○
い	○		○	○
ソ		○	○	○

〔別の解き方〕

4種類の中から3種類を選ぶことは，残り1種類を選ぶことと同じことになる。4種類の中から1種類を選ぶ選び方は4通りある。

答え 4通り

6

下の図のとおり，2枚の組み合わせは6通りある。

答え 6通り

7

メインにハンバーグを選んだときのランチメニューは下の図のように4通りある。

メインにチキンステーキ，唐揚げを選んだときも4通りずつあるので，

4×3＝12(通り)

答え 12通り

8

4個の頂点を結んでできる正方形は，次の図の5種類できる。

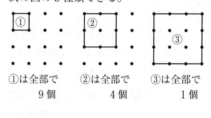

①は全部で　②は全部で　③は全部で
　9個　　　　 4個　　　　 1個

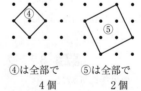

④は全部で　⑤は全部で
　4個　　　　 2個

よって，全部で，

9＋4＋1＋4＋2＝20(個)

答え 20個

4-4 データの分布

p.172

解答

1 (1) 8.5 秒以上 9.0 秒未満
(2) 8.75 秒 (3) 15 %

2 (1) 10 点
(2) 50 点以上 60 点未満
(3) 中央値が含まれている階級
は 50 点以上 60 点未満の階
級で，たつやさんの点数はそ
れよりも低いので，テストの
点数は低い方といえる。

3 (1) 0.15   (2) 0.675

4 ㋘

解説

1

(1) 記録を速い順にならべたとき，10
番めと 11 番めが含まれる階級は 8.5
秒以上 9.0 秒未満の階級である。

答え 8.5 秒以上 9.0 秒未満

(2) 度数がもっとも多い階級の階級値だ
から，8.5 秒以上 9.0 秒未満より，
$(8.5+9.0)÷2=8.75$（秒）

答え 8.75 秒

(3) 9.0 秒以上の生徒の人数は，
$2+1=3$（人）より，
$3÷20=0.15$
0.15 は 15 %

答え 15 %

2

(1) 階級は 10 点ごとに区切られている。

答え 10 点

(2) 点が高いほう（低いほう）から 13 番
めの人が含まれる階級は 50 点以上 60
点未満の階級である。

答え 50 点以上 60 点未満

(3) 中央値が含まれている階級は 50 点
以上 60 点未満の階級で，たつやさん
の点数が 49 点であることに注目する。

3

(1) 読書時間が 120 分以上 150 分未満の
度数は 6 人より，
相対度数は，$6÷40=0.15$

答え 0.15

(2) 読書時間が 60 分以上 90 分未満の累
積度数は，$5+9+13=27$（人）より，
累積相対度数は，$27÷40=0.675$

答え 0.675

4

㋐…階級の幅は 10g だから正しくない。

㋑…度数の合計は 30 個だから，15 番
めと 16 番めが入る階級になる。
15 番めも 16 番めも 90g 以上 100g
未満の階級に入るから正しくない。

㋒…度数のもっとも多い階級は 90g
以上 100g 未満の階級だから，最
頻値は，$(90+100)÷2=95$（g）と
なり正しくない。（9 個は 90g 以上
100g 未満の階級の度数）

㋓…重さの分布の範囲は，$130-70=$
60（g）未満だから正しい。

正しいのは㋓である。　**答え** ㋓

4-5 確率

解答

1

	A	B	C
左に行く 割合（わりあい）	0.60	0.50	0.55
右に行く 割合	0.40	0.50	0.45

2 エ

解説

1

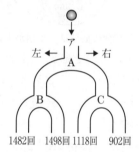

Aでは，5000回のうち1482+1498＝2980(回)が左に行ったので，2980÷5000＝0.596より，小数第3位を四捨五入（ししゃごにゅう）して，0.60

Aでは，5000回のうち1118+902＝2020(回)が右に行ったので，2020÷5000＝0.404より，小数第3位を四捨五入して，0.40

Bでは，2980回のうち1482回が左に行ったので，1482÷2980＝0.497…より，小数第3位を四捨五入して，0.50

Bでは，2980回のうち1498回が右に行ったので，1498÷2980＝0.502…より，小数第3位を四捨五入して，0.50

Cでは，2020回のうち1118回が左に行ったので，1118÷2020＝0.553…より，小数第3位を四捨五入して，0.55

Cでは，2020回のうち902回が右に行ったので，902÷2020＝0.446…より，小数第3位を四捨五入して，0.45

2

確率（かくりつ）は，あることがらが起こると期待される程度（ていど）を表す数である。

⑦…コインを2回投げるとき，2回とも表が出ることもあるから正しくない。

⑦…コインを5回投げるとき，5回とも表が出ることもあるから正しくない。

⑦…コインを20回投げるとき，必ず表が10回出るとは限らないから正しくない。

⑦…コインを5000回投げるとき，表と裏が出る割合はほぼ等しいと考えられる。

答え エ

p.180

解答

1 $\dfrac{163}{2}\pi \text{m}^2$

2 6票

3 うそをついている人…C

順位　1位…D　2位…C

　　　3位…B　4位…A

4 (1)　3:4　　　(2)　2倍

5 (1)　16枚　　(2)　156枚

(3)　〔3020〕　(4)　〔3132〕

(5)　256枚

6 (1)　㋐…67　㋑…199

　　　㋒…200　㋓…ない

(2)　Aグループ，24列

(3)　447　　　(4)　39列

(5)　6633

解説

1

　牛が食べることができる牧草の範囲は下の図の色を塗った部分になる。

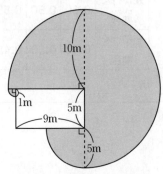

　求める部分の面積は，半径が1m，中心角が90°のおうぎ形と，半径が10m，中心角が270°のおうぎ形と，半径が5m，中心角が90°のおうぎ形を合わせた図形なので，

$$\pi \times 1^2 \times \frac{90}{360} + \pi \times 10^2 \times \frac{270}{360} + \pi \times 5^2 \times \frac{90}{360}$$

$$= \frac{163}{2}\pi \, (\text{m}^2)$$

答え $\dfrac{163}{2}\pi \text{m}^2$

2

　32票開票したところで，ひろみさんは2位で，1位のみさきさんとの差は，

　15−12=3(票)である。

　残り，40−32=8(票)のうち，みさきさんと並ぶためには3票必要である。さらに残った5票のうち，ひろみさんがみさきさんより多く得票するためには，もう3票必要となる。

　よって，ひろみさんが確実に当選するために必要な票数は，

　3+3=6(票)となる。

答え 6票

① Aがうそをついているとすると，Cは1位，Bは3位となる。また，DはBより速いので2位となる。ここで，Aは4位となるので正しくない。

② Bがうそをついているとすると，Aは4位，Cは1位となる。また，DはBより速いのでDが2位，Bが3位となるので正しくない。

③ Cがうそをついているとすると，Aは4位，DはBより速いので，Bは1位になることはない。よって，Bは3位となる。Cは1位ではないので，2位となりDが1位となるので，正しい。

④ Dがうそをついているとすると，Aは4位，Cは1位となる。DはBより遅いので，Bは2位，Dは3位になる。Bは1位か3位になるので，正しくない。

答え うそをついている人…C

順位　1位…D　2位…C

　　　3位…B　4位…A

(1) 地球全体の海の面積を1とすると，そのおよそ$\dfrac{4}{7}$が南半球にあることから，北半球の海は，

$$1-\dfrac{4}{7}=\dfrac{3}{7}$$あることになる。

北半球の海の面積と，南半球の海の面積の比は，

$$\dfrac{3}{7}:\dfrac{4}{7}=3:4$$　　**答え** 3：4

(2) (1)の結果と，北半球と南半球は同じ面積（1ずつ）ということを利用する。

北半球の面積と南半球の面積をそれぞれ1と考える。

北半球の面積うちのおよそ$\dfrac{2}{5}$が陸地の面積であることから，北半球の海の面積は，

$$1-\dfrac{2}{5}=\dfrac{3}{5}$$あることになる。

南半球の海の面積は，(1)より，

$$\dfrac{3}{5}\div3\times4=\dfrac{4}{5}$$あることになる。

これより南半球の陸地の面積は，

$$1-\dfrac{4}{5}=\dfrac{1}{5}$$

よって，北半球の陸地の面積は南半球の陸地の面積に対して，

$$\dfrac{2}{5}\div\dfrac{1}{5}=2（倍）$$である。

答え 2倍

5

A は 1 円ごとに針が 1 目もり動く。A は 4 枚で 1 周するので，B は 4 円ごとに針が 1 目もり動く。そして，B は，4×4＝16（枚）で 1 周するので，C は 16 円ごとに針が 1 目もり動く。同様に，C は，16×4＝64（枚）で 1 周するので，D は 64 枚ごとに針が 1 目もり動く。

以上をまとめると，それぞれの針が 1 目もり動くための枚数は次のようになる。

針が 1 つ動くための枚数

D	C	B	A
64 枚	16 枚	4 枚	1 枚

(1) 上の表から，C の針がはじめて 1 目もり動くのは 16 枚入れたときである。

答え **16 枚**

(2) D が 2，C が 1，B が 3，A が 0 を指すことから，

$$64×2+16×1+4×3+1×0=156$$

答え **156 枚**

(3) 200 を上の表の，64 と 16 と 4 と 1 のどれをいくつ集めたものになっているか調べる。

200÷64＝3 あまり 8 → 64 が 3 個
8÷4＝2　　　　　　 → 4 が 2 個

となるので，

$$200=64×3+16×0+4×2+1×0$$

よって，〔3020〕

答え **〔3020〕**

(4) (3)と同様に，222 を 64 と 16 と 4 と 1 のどれをいくつ集めたものになっているか調べる。

222÷64＝3 あまり 30 → 64 が 3 個
30÷16＝1 あまり 14　→ 16 が 1 個
14÷4＝3 あまり 2　　→ 4 が 3 個
2÷1＝2　　　　　　 → 1 が 2 個

となるので，

$$222=64×3+16×1+4×3+1×2$$

よって，〔3132〕

答え **〔3132〕**

(5) メーターが〔3333〕になると，次の 1 円で〔0000〕になる。

〔3333〕になるときの枚数は，

64×3+16×3+4×3+1×3
＝(64+16+4+1)×3＝255（枚）だから，

〔0000〕にもどるのは，

$$255+1=256（枚）$$

〔別の解き方〕

D が 1 目もり動くために必要な枚数は 64 枚で，D の針が 0 にもどるときは，針が目もり 4 つ動いたときだから，そのときの枚数は，

$$64×4=256（枚）$$

答え **256 枚**

6

(1) 1から順に整数を3でわっていくと，あまりは，1，2，0，1，2，0，…と，繰り返すので，表のように，1列に(1，2，3)，2列に(4，5，6)…と，3個ずつの組になる。よって，整数200までを表に入れると，200÷3＝66余り2より，3個ずつの組が66組とあと2マスまで入ることがわかる。つまり，最後の2マスに入る数は，199，200であり，その列は67列になるので，⑦は67，⑦は199，⑦は200で，⑦は「ない」になる。

答え ⑦…**67** ⑦…**199**
⑦…**200** ⑦…**ない**

(2) 70÷3＝23余り1より，商が23で余りがあるので，70が入る列は23列の次の24列である。また，余りが1なので，Aグループである。

答え **Aグループ，24列**

(3) 49列の最後に入る数が，3×49＝147なので，50列の入る3つの数は，148，149，150であり，その和は，
148＋149＋150＝447

〔別の解き方〕
50列の最後の数が，3×50＝150となることから，50列の3つの数を，148，149，150とすることもできる。

答え **447**

(4) ある列のCグループの数をxとおくと，この列の3つの数は，$x-2$，$x-1$，xとなる。3つの数の和は，
$$(x-2)+(x-1)+x=3x-3$$
$$3x-3=348$$
$$x=117$$
よって，このグループは，
117÷3＝39(列)
である。

答え **39列**

(5) (1)より，Cグループに並ぶ数は，最初が3で，3，6，9，12，…，198と，3ずつ増えている。個数は66個ということがわかるので，
3＋6＋9＋12＋…＋195＋198の計算は，次のように，同じ式を反対に並べた式と合わせて考えると，

$$\begin{array}{l} 3+\ 6+\cdots+195+198(66個)\cdots P \\ +)198+195+\cdots+\ 6+\ 3(66個) \\ \hline 201+201+\cdots+201+201(66個)\cdots Q \end{array}$$

以上より，求める和PはQの和の$\frac{1}{2}$になるので，
$$201×66×\frac{1}{2}=6633$$
となる。

答え **6633**

数学検定